いまさら聞けない疑問に答える

# 統計学の
# キホン
# Q&A100

ニール・J・サルキンド［著］

山田剛史・寺尾　敦・杉澤武俊・村井潤一郎［訳］

新曜社

100 QUESTIONS (AND ANSWERS) ABOUT STATISTICS
by Neil J. Salkind

# はじめに

　今日では，経済的な成功・失敗からどのチームがワールドシリーズを制するかの予測まで，あらゆることを説明するのに，**ビッグデータ**という言葉がいたるところで用いられている。量的な情報とそのパターンについての理解が，これまで以上に重要になっている。野心に燃える専門家，学生，政策担当者，そして，何千という他の専門家も，データを理解する方法を求めている。基礎的な統計学，さらには高度な統計学が重要なゆえんである。

　本書『統計学のキホンQ＆A 100』は，基本的な統計についての簡単な理解からもっと洗練された推測統計学まで，統計学の基礎に関する，最も重要な質問を1冊の中にまとめたものである。

　本書を書いたのは，私自身，長年教育に携わる中で，多くの学生だけでなく専門家も，統計学について，どのようなトピックに焦点を定める必要があるのか，詳しい情報をどこで見つけたらよいのかを正しく案内してくれる，簡潔な概説を必要としているということに気づいたからである。

　本書は小さな本だが，統計学に関して重要なトピックが何かを改めて確認したい人や，統計学の全くの初心者で，疑問に思っていることについて参照できる資料が必要な人に向けて書かれている。本書を，以前に学んだことを思い出す手がかり，一種の資料や知識をリフレッシュするための情報源として考えていただければと思う。本書は，学位取得に向けて総合的な試験の準備をしている大学院生や，手軽な参考書が必要な研究者，統計学の初級コースを履修していない関連分野の大学生，統計学の技法について知る必要がある政策担当者，そして，単純にこれらのツールを最も効果的に用いる方法について知りたい人のためのものである。

　本書を有効に用いるコツをいくつか・・・。

1. 質問は，以下のように12のパートに分かれている。

　パート 1　なぜ統計学なのか

　パート 2　中心傾向の測度についての理解

　パート 3　変動の測度についての理解

　パート 4　データの視覚的表現

　パート 5　関連性についての理解

　パート 6　測定とその重要性についての理解

　パート 7　統計学における仮説の役割についての理解

2.　質問と回答は，それぞれ独立に読むこともでき，率直な質問と比較的短い回答が記載されている。それぞれの質問に対して一冊の本ほどの長い回答をすることもできるだろうが，本書の目的は，読者が次の質問やトピックに進む前にある程度の知識を得られるよう，手短に，必要な情報を示すことである。

3.　これらの質問と回答のすべては互いに無関連というわけではなく，大半が補完し合っている。そのため，重要な内容について記述が強化されるとともに，参照したトピックだけでなく，関連するトピックについても確実に理解できるようになっている。

4.　それぞれの質問の最後には，当該の質問に関連する3つの他の質問が参照項目として記載されている。これらは，今読んでいる質問と答えを最もよく補完すると私が考える項目である。もちろん，他にも関連する項目は多くある。

# 謝　辞

　出版にあたって，最高の編集制作チーム，特に，このシリーズのアイデアを熱烈に歓迎してくれた，ヴィキ・ナイトさんに感謝している。彼女は，私からの途方もない数の深夜メールにもしなやかに耐え，惜しみなく支援してくれた。そして副編集者のローレン・ハビブさんとエシカ・ミラーさんにも感謝する。彼女たちは迅速かつ効率的に仕事を進め，いつも大いに助けてくれた。制作編集者のリビー・ラーソンさんと原稿整理編集者のポーラ・L・フレミングさんにもお礼を述べたい。だが本書の誤りは，すべて私に責任がある。誤りがあったら，この本がもっとよくなるようにEメールで知らせていただければ幸いである。

　時間をとって精査してくださったレビュアーの方々に感謝する。T・ジョン・アレキサンダー（テクサス・ウェズリアン大学），ジェイミー・ブラウン（マーサー大学），ヨンス・キム（ラスベガス，ネヴァダ大学），リンダ・マルティネス（カリフォルニア州立大学ロングビーチ），ジュリアナ・ラスコウスカス（カリフォルニア州立大学サクラメント），ジェニファー・R・サーモン（エッカート大学），ロビン・L・スペイド（モーガン州立大学）。

　そして，銀河で最高の子どもたち，サラ，ミカ，テッドに。そしてもちろん，ペッパーの後継であるラッキー，根気強く，優しく，勇敢で誠実な友であるルー・Mに，ありがとう。

ニール・J・サルキンド
ローレンス，カンサス
njs@ku.edu

# 目　次

装幀＝新曜社デザイン室

# 統計学では何を学ぶのですか？
# またなぜ重要なのですか？

　私たちはみな，ますますデータに支配されるようになった世界に生きている。データの分析が教育機関やフォーチュン500の大企業にとって重要なのと同じくらい，プロスポーツチームにとっても重要なものになろうとは，誰が想像しただろうか。しかし，実際そうなのである。パターンを見つけたり，結果を予測したりするために統計学と向き合う機会が，ますます多くなっている。統計学は，複雑な結果をよりよく理解したり決定を下したりするのに役立つ，ツールの集まりから成っている。

　統計学とは，数量的な情報を記述し，統合し，分析し，解釈することである。ここで情報というのは，ひとまとまりのテスト得点かもしれないし，特定のタイプの自動車に対する好みかもしれないし，あるいはバスケットボールチームが，相手チームからボールをカットしたあとで得点することがどれくらい多いかといったことかもしれない。この本を通して身につけていくさまざまなツールを使うことで，これらの問いをはじめ，その他データの分析を扱う，ほとんどどんな問いにでも答えることができる。

　統計学の学習が重要な理由はいくつもある。統計学が最もよく用いられるのは，情報に基づいて決定をする手助けをすることであり，その情報は統計学を使わなければ解釈がとても難しかったり，できなかったりする。この有用性は，ごく単純な例を見るだけでもわかる。たとえば，ある生徒の集団に対する個別のテスト得点より，生徒全体の平均点の方がより役に立つのではないだろうか。あるいは，受けたサービスについての感想を顧客集団に質問紙調査したとき，20項目の質問に1人ひとりの顧客がどう答えたかよりも，結果の平均点の方が役に立つのではないだろうか。

　この2つの例は，情報を集めて記述し，分析することができれば，よりよい決定ができるという事実を示している。証拠に基づいているからである。では，まだ組織立てられていない情報の集まりが何を意味しているのかを探ることができるツールは？それが統計学なのである！

　統計学は学者が行う研究，地方や国家の政策担当者が行う決定，そして，さらなる目標に向かって情報に基づいて行動しなければならないビジネスの日々の機能にとっても，計り知れない価値がある。

もっと知るには？　質問2，3，4を参照。

# 統計学はどのようにして「始まった」のですか？

　統計学の研究は，データの収集と分析にとどまらない。すなわち，**情報**を集めて重要な決定を行うために利用するのである。何かがどれくらいあるのか（「食べ物が底をつくまでに何日くらいあるのか」や「冬まであと何週間あるのか」），そして，それらの数がある特定の結果（健康や安全など）にどう影響するのかということについて，人々が関心を持たなかった時代はおそらくなかっただろう。

　そもそも数は，ある特定の結果と結びつけられている。もしある人が学校で勉強がよくできて，よい成績をとったなら，その後も学校で成功する可能性が高い。もしある人がよい教育を受けたなら，卒業と同時によりよい仕事が待っているだろう。そして，我々が今日人口統計学者として知っている人々（人口やその性質を研究している人々）が，多くの人が住み，働き，遊ぶ場所について数えたり分布を調べたりし始めたのは，それほど昔のことではない。

　このすべては主に数学者によってなされたが，生物学や，より最近では心理学などの領域で，観測されたことの理解が強く求められ，統計学の分野が誕生した。

　おそらくこの誕生の大きな節目は，フランシス・ゴールトンの研究であった。彼はチャールズ・ダーウィンのいとこで，19世紀初頭に生まれた。ゴールトンは，相関係数と呼ばれる，変数間の関係を表すのに今でも非常によく使われるツールを考案した。彼は家族間の知能に関心があった。彼の研究は（後にしばしば疑われることになったが），家族のメンバー間の関係性を比較するための枠組みを築いた。

　ゴールトンの後，社会がどんどんと複雑化し，利用可能な情報すべての複雑性を理解する必要性が増大していくにつれて，統計学は非常に多くの新しい発展を見せた。カール・ピアソン（数学者）やR・A・フィッシャー（農学者）などが，自身の研究分野で学んだことを人間行動のさまざまな側面に適用した。ここ40年のパーソナルコンピュータの出現によって，大規模データに含まれるパターンや傾向を見たいと思う人はほとんど誰でも，統計的手法の中の最も強力なものでさえ利用できるようになった。こういう分析は，現代の統計学の非常に重要な部分を占めている。大学のみならずプロスポーツチームでさえ，今では，何が役に立ち，何が役に立たないのかを特定するために，このアプローチを利用している。

統計学の歴史についてもっと知りたければ，セント・アンセルム大学のウェブサイトを参照するとよい。

www.anselm.edu/homepage/jpitocch/biostatshist.html

**もっと知るには？　質問1，3，4を参照。**

# 記述統計とは何ですか？
# どのように使われるのですか？

　記述統計は，データ（あるいは分布）の特徴をまとめ，記述するために使われる。記述統計は，データを詳しく調べるために用いられる最初のツールであり，データが「どのように見える」かを示す，いくつかの重要な指標を得る。

　記述統計には，大きく2つのカテゴリーがある。

　第1のカテゴリーは，平均値，中央値，最頻値など，中心傾向の測度を見るものから構成される。これらはすべて「代表値」と呼ばれる。これらのいずれも，データを代表する最良の点を表すために用いることができる。たとえば，地域のあるレストランでのハンバーガーの売り上げに興味があるなら，最初の問いはおそらく，毎週平均して何個のハンバーガーが売れたかだろう。別の例をあげると，「フォードの車で最もよく売れるモデルは何か」が知りたいかもしれない。

　第2のカテゴリーは，データの変動，広がり，ばらつきを見る記述ツールから構成される。これらの測度としては，範囲，標準偏差，分散などがある。これらの測度は，データの各点が互いにどれくらい離れているのかを教えてくれる。たとえば，あるグループの子どもたちが読解スキルに関してどれくらい似ているのかを知りたければ，子どもたちの読解テスト得点の標準偏差を見るだろう。この記述統計量[訳注]の値が小さいほど，これらの子どもたち同士でばらつきが小さい（違いが少ない）。

　これら2つのカテゴリー，すなわち代表値と変動の測度を組み合わせることで，あるデータの性質と，他のデータとの違いについて，非常によく表される。そして，後述するように，この2タイプの測度は，2群のデータにおける平均値差の有意性など，もっと複雑な統計的処理の土台となる。

もっと知るには？　質問4，7，16を参照。

---

[訳注] データから求められる統計的指標，たとえば，平均や標準偏差などのこと。

## 推測統計とは何ですか？
## どのように使われるのですか？

　推測統計を使うことで，小さなグループ（しばしば標本（サンプル）と呼ばれる）での結果から，より大きなグループ（しばしば母集団と呼ばれる）へと推測を行うことができる。推測統計は，多くの場合記述統計の拡張であるが，常にそうだというわけではない。知りたい問題によっては，（記述統計を用いて）得点の平均値を知ることで十分なこともある。たとえば，ある特定のグループの平均値が他のグループの平均値と異なるかどうかを知りたいのであれば，必ずしも推測統計を用いる必要はない。

　推測統計がどのように用いられるのかの1つの例として，2つの小学生グループが受けた読解スキルのテストについて，グループ間の差を検討することを考えてみよう。一方のグループが特別な指導を受け，他方のグループは受けていないとする。この2つのグループの標本を比較して，その結果がこれらの標本が選ばれた母集団に一般化される。

　小学生の母集団全体にテストをしてみたらどうだろうか。ほとんどの場合，母集団は大きすぎて，時間もお金もかかりすぎる。科学者はこの200年にわたって統計学について大いに学び，非常に小規模な観測値の集合である標本が，それよりはるかに大きな母集団をどれくらいよく代表しているかを正確に評価し，その情報を母集団について判断するために使うことができるようになった。

　ある標本がその母集団をどれくらいよく代表しているかが，推測統計を使う上で鍵となるということは，想像できるだろう。代表性は，ある研究の結果が標本から母集団へ一般化できるかどうかを決めるのに役立つ。推測の手続きの結果の正確さは，その標本が母集団からどれくらいよく選ばれたかに大きく依存する。つまり，その標本が母集団をよく代表するほど，その標本から母集団への推測が信頼でき，その結果が母集団へ（そして，他の類似した母集団へも）一般化できる可能性が高くなる。

　平均値の t 検定，分散分析，そして回帰分析などの推測統計は，ほとんどの統計学の入門コースで，基礎の一部となっていて，これらはとても広く使われている。要するに，記述統計はデータの特徴を記述することができる一方で，推測統計はそれらの観測結果を，より大きなグループに適用することができるのである。

もっと知るには？　質問60，70，77を参照。

# 私は統計学者になろうとはしていません。
# なぜ統計学の授業を受けるべきなのでしょうか？

　この答えは，最も明らかな理由 —— 統計学の授業をとることが卒業の要件を満たすために必要だ，あるいは，専門の試験のために勉強していて，この分野の知識があることが求められている —— だけにとどまらない。

　実際，統計学の授業をとる理由は，少なくとも他に4つある。

　第1に，これはあなたがこれまで受けてきた教育で経験したことがないかもしれないような，やりがいのある，知的に興味深いトピックだということである。おそらくあなたがこれまで出会ったことのない分野であり，挑戦しがいがあり，スキルを伸ばすことができる，素晴らしい活動なのである。

　第2に，データや他の証拠に基づいた意思決定がますます求められる社会にあって，統計学の理解はかけがえのないものである。統計学を理解すると，データに含まれるパターンや傾向を巧みに理解し，それらを用いて情報に基づいた決定をすることができるようになるだろう。あなたは，どの治療法が最もよいか，数学の指導のあるアプローチ法がなぜ他の方法よりよいのか，あるいは，電子教科書が紙に印刷されたものよりも効果的であるかどうかを理解するために，どんなデータが利用可能かを知りたいかもしれない。統計学は，あなたが問いたいと思った研究に基づくどんな疑問に対しても，どのように問題を提起し，答えたらよいかを教えてくれるツールを集めたものである。

　第3に，あなたは同級生や教師，あるいは他の人と，いつでも知的かつ有能に交流できる知識をそなえた市民になるだろう。あるジャーナルの論文の結果が議論されるとき，あるいは，社会学，医学，行動科学などの興味深い結果についてある結論が提示されたとき，あなたは何が言われているか理解し，鋭敏に，情報に基づいた反応ができるだろう。

　最後に，統計学の学習課題は卒業研究，あるいは，もしあなたがすでに大学院生であれば今後の研究のさらなる教育的・専門的な機会のための，素晴らしい方法である。学校教育をすべて終えていたら？　そうならば，統計学の理解は，あなたの専門領域における発展のための，より多くの潜在力を与えてくれる。

もっと知るには？　質問1, 2, 6を参照。

# 統計のソフトウェアパッケージは，
# どれを使ったらよいでしょうか？　SPSS？　Excel？
# 他のものですか？

　多くの統計分析ソフトウェアパッケージが利用できる。無料のものも，シェアウェア（そのソフトウェアに価値があると考えたらお金を払う）も，市販の商品もある。どれを選ぶかは，さまざまな要因による。

　SPSSは長い間作られている非常に人気のあるソフトウェアパッケージで，主に社会科学や行動科学の研究者たちに使われている。高価であるが，大部分の高等教育機関が学内のサーバにインストールしている。したがって，あなたが学生なら，追加の費用なしで使うことができる。その上，機能は制限されているものの，比較的安価な学生版もある。

　Excelは世界で最もよく使われている表計算プログラムで，数値やテキストの行や列の操作ができる。統計分析に特化したプログラムではないが，SPSSなどの製品とほぼ置き換え可能な，非常に多くの関数や内蔵の分析ツールが含まれている。Excelは強力なグラフ作成ツールも備えていて，Wordを含むMicrosoft Officeパッケージの一部なので，Excelで分析した結果をWordの文書に非常に簡単に挿入できる。SPSSと同様に，Excelは多くの教育機関でいつでも使えるようになっている。本書では，例示のためにExcelを使う。Excelはほとんどの初級・中級のユーザにとってすぐに利用可能で，もっとも簡単に使えるソフトウェアだからである。

　それではどれを選ぶべきだろうか。SPSSでもExcelでも，本書で議論されているほぼすべてのことを実行できる（それほど普及していない，他の多くのプログラムでも同様である）。しかし，あなたがこれらの1つ，あるいは他のどれかのパッケージを使うと決める際には，以下の諸点を考慮するとよい。

- そのプログラムはどれくらい高価か。あなたの所属機関でお金を請求されずに使えるか。
- 学生版があるか，そして，あなたはそれを購入する資格があるか。
- そのプログラムはモジュール式か。もしそうなら，どのモジュールが必要か。
- 電話やメールでのテクニカルサポートが，いつでも利用可能か。
- そのソフトウェアを使うための適切なハードウエア（メモリやストレージの容量など）を持っているか。

• あなたのコンピュータには，そのソフトウェアを実行できる OS が入っているか。

　そのソフトウェアがあなたのニーズに適合するか，購入を決める前に確認すること。しかし，ほぼどんなプログラムでも，基本的なニーズを満たしていることを知っておいてほしい。

**もっと知るには？　質問 16，79，80 を参照。**

# パート**2**
# 中心傾向の測度についての理解

## 中心傾向の測度とは何ですか？　なぜ使われるのですか？

　最頻値，中央値，平均値といった中心傾向の測度は，データの特徴を表現するために使われる記述統計量の1つのタイプである。もう1つのタイプの統計量はデータの変動の測度で，本書の次のセクションで述べる。

　中心傾向の測度は，代表値とも呼ばれ，データのうち最も中心的，あるいは代表的な点を反映している。言い換えれば，データを代表させるためにデータの中からたった1つの得点を選ばなければならないとしたら，中心傾向の測度を選ぶことになる。たとえば，近郊にあるホンダ販売店の8月1ヶ月当たりの車の販売台数を最もよく代表させる必要があるなら，記述統計量として毎年8月の売上げの平均値を利用するだろう。中心傾向の測度として何を利用するかは，扱っているデータのタイプによる。

　中央値は，得点を最小のものから最大のものまで順に並べていったときに，それらの得点の中で真ん中にくる得点である。中央値は，得点の50％がその値より大きく，得点の50％がその値より小さくなるような点と定義される。中央値は，得点に極端な（非常に高い，あるいは非常に低い）値が含まれているとき，それらの代表値を計算する際にしばしば利用される。

　最頻値は，中心傾向の測度としていちばん厳密性に欠けるが，データの中で最も多く現れる得点の値である。最頻値は，名義的あるいはカテゴリー的なデータの場合によく用いられる。

　平均値は，計算で求める代表値である。平均値にはいくつかのタイプがあるが，算術平均とは，そのデータの「バランス」がとれている点，すなわちさまざまな得点からみて真ん中となるような点である[訳注1]。

　これらの中心傾向の測度はそれぞれ異なるタイプのデータに用いられるが，最も重要な利用法の1つは，変動の測度と共にデータを記述し，標準得点を算出する基準点として用いることである。付け加えるなら，どんなタイプのデータを扱うときにも興味深い応用上の問いは，「代表的な」得点と，「代表的でない」あるいは典型的でない得点との間にどのような関係があるか[訳注2]　ということである。

**もっと知るには？　質問9，11，13を参照。**

---

[訳注1] データを数直線上に並べたときに，左右の重さのバランスがとれる重心が，ちょうど平均値の場所となる。

[訳注2] 代表値以外の値が，代表値に対してどのくらい大きい（あるいは小さい）かということ。パート8の z 得点の解説（質問70～73）も参照のこと。

# 中心傾向の測度をどのように使うのですか？
# その例をあげてもらえますか？

　代表値はしばしば，男性，女性の平均身長のような，得点に含まれるある1つの特徴のための参照点として使われる。代表値は，「真ん中」の位置であり，データにおけるすべての得点を最もよく代表するものである。推測統計でも記述統計でも，2つ以上の群間に差があるかどうかを決めるために相互に比較しうる測度として，広く用いられている。

　一例として，愛情を情熱，親密性，コミットメントに分けてとらえる「愛情の三角理論」を用いて，生涯にわたる愛情の知覚を検討した研究をとりあげよう。この研究では，愛情の三角理論尺度の短縮版を青年と成人に実施し，12歳から88歳までの約3,000人の標本の調査結果について，年代差と性差が検討された。

　代表値はどう関わっているのだろうか？　研究者たちは，研究の問い（リサーチクエスチョン）に答えるため，ある群の参加者の平均値と別の群の参加者の平均値を比較する，$t$検定と呼ばれる推測統計を用いた。$t$検定は，代表値として算術平均を（変動の測度とともに）用いて，群間差が偶然によるものなのか，あるいは関心のある変数によるものなのかについて，結論を引き出すことができる。この場合，関心のある変数は，愛情の三角理論尺度の得点であった。

　結果はどうだったか？　青年（年齢は12〜17歳）は，若い成人（18〜30歳）に比べて，愛情成分すべてについてより低い値を示し，年長の成人（50歳以上）は，若い成人と中年の成人（30〜50歳）に比べて，より低い情熱と親密性を示したが，コミットメントにおいては同程度であった。愛情成分3つすべての知覚において性差はあったものの，研究者たちが期待していたほど大きなものではなかった。

　差の指標としての平均値の使用，および$t$検定は，基礎統計学において非常に一般的なものである。

　以下が引用した文献である。

Sumter, S. R., Valkenburg, P. M., & Peter, J. (2013). Perceptions of love across the lifespan: Differences in passion, intimacy, and commitment. *International Journal of Behavioral Development, 37*(5), 417-427.

もっと知るには？　質問74，82，83を参照。

# 平均値とは何ですか？　どのように計算するのですか？

　平均値は，中心傾向の測度として最もよく使われる。ある群のすべての値を合計し，その群に含まれる値の個数で割ったものである。より専門的な定義は，平均値とは偏差[訳注]の合計がゼロになる点，ということになる。ここで述べている平均値の種類は，算術平均とも呼ばれる。

　式は非常に単純で，下記の通りである。

$$\overline{X} = \frac{\Sigma X}{n}$$

ここで

　$\overline{X}$ は平均値，
　$\Sigma X$はすべての得点の合計，そして
　$n$ は標本の大きさ，

である。

　[注意] 統計学では，小文字の$n$は標本の大きさを表現するために用いられ，大文字の$N$は母集団の大きさを表現するために用いられることが多い。

　平均値を計算するためには，以下の順に行う。

1.　データのすべての値を一覧にする。
2.　値を合計する。
3.　観測値の個数（標本の大きさ）で割る。

---

　[訳注]　一般には，データの各測定値とある一定の値との差（各測定値から，その一定の値を引いたもの）を偏差という。下に示されている式で平均値を定義して，すべての測定値から平均値を引いた偏差を求め，それをすべて合計すると0になる。

たとえば，一組の得点が7，8，4，6，5なら合計は30なので，平均値は30/5，つまり6である。

平均は大文字の$X$の上にバーを載せて表されることが非常に多いが，$M$と表されることも多い。

中心傾向の測度として平均値を用いることの注意点として，平均値は外れ値の影響を受けやすいということがある。たとえば，4，6，7，8，20の得点の平均値は9であるが，この数字はこの一連の得点を最もよく表しているとは言えない。なぜなら，この平均値は，20という外れ値の方に引っ張られているからである。

**もっと知るには？　質問7，15，16を参照。**

# 平均値をどのように使うのですか？
# その例をあげてもらえますか？

　今後50年にわたって，アメリカは「少数派が多数派となる」社会になっていき，そこでは，最も人数の多い民族集団が相対的には多数となるが，人口の大多数ではなくなるだろう。したがって，社会科学，行動科学は，ラテン系，アジア系，アフリカ系アメリカ人といった，かつての少数派についてもっと学ぶことが重要である。

　クリストファー・エリソン，ニコラス・ウォルフィンガー，アイダ・ラモス－ワダらは，アメリカにおけるラテン系の人口の急速な増大の重要性と，彼らの家族への態度においてカトリックの教義が果たしている役割（ただし，ラテン系のほぼ3分の1がカトリックではない）について検討した。研究者たちがよく採用する方法は，すでに利用可能なデータを用いることである。このケースでは，2006年の「宗教・家族生活に関する全国調査（NSRFL）」のデータが用いられた。アメリカ本土48州の就労世代（18～59歳）に対するこの調査に基づいて，信心についての複数の次元 ── 宗派，教会へ行く回数，礼拝，聖書への信念 ── と，結婚，離婚，同棲，行きずりの性行為に対するラテン系アメリカ人の態度との関連が検討された。

　その結果，福音派のプロテスタント教徒は，カトリック教徒に比べて，家族関連の問題について，より保守的な態度を持つことがわかった。また，教会の礼拝に定期的に参加し，頻繁に祈るラテン系アメリカ人も，より伝統的な考え方を表明した。データ分析の結果，宗教に関する変数は，社会経済的，人口統計学的要因と同じく，ラテン系アメリカ人の個人レベルの変動を説明するのに有効であった。

　これらの結論に至る分析には，平均値に関する検討も含まれていた。表10.1に，結果の一部を示す。態度項目（例：「行きずりの性行為は問題ない」）とその平均値が，全対象者，カトリック教徒，福音派，その他，無宗教，に分けて記載されている。これらの平均値についてはさらなる分析が行われたが，態度を評価するために代表値がどのように使われるかに関するよい例だろう。

### 表10.1　記述統計量を報告している例[訳注]

| | 全対象者 | カトリック | 福音派 | その他 | 無宗教 |
|---|---|---|---|---|---|
| **従属変数** | | | | | |
| 行きずりの性行為は問題ない | 3.25(765) | 3.18(483) | 3.59(147) | 3.46(35) | 2.98(80) |
| $t$ 検定（両側検定） | — | — | 2.55* | 0.91 | −0.99 |
| 愛のないカップルは離婚すべきでない | 2.24(784) | 2.03(489) | 2.90(154) | 2.81(36) | 1.80(84) |
| $t$ 検定（両側検定） | — | — | 6.43** | 3.14** | −1.41 |

以下が引用した文献である。

Ellison, C. G., Wolfinger, N. H., & Ramos-Wada, A. I. (2013). Attitudes toward marriage, divorce, cohabitation, and casual sex among working-age Latinos: Does religion matter? *Journal of Family Issues, 34*(3), 295-322.

もっと知るには？　質問7，9，16を参照。

---

［訳注］　表中の各質問項目の行にある数値は，各グループの平均値と標本の大きさ（括弧内）を表す。

## 中央値とは何ですか？
## どのように計算するのですか？

　中央値は，中心傾向のもう1つの測度で，代表値の一種である。中央値は，それよりも大きなケースが50％，小さなケースが50％となるような，データの分布中の点である。中央値は，しばしば$Md$という略語を用いて表現されるが，$M$と表現されることもある。

　中央値を算出するために，以下の段階を踏む。

1. すべての数値について，最大値を最初あるいは一番上にして，以下のように降順に並べる。

87, 72, 65, 45, 23

2. 中央の得点を選ぶ。この場合，三番目の得点であり（2つの得点がそれより前にあり，2つの得点がそれより後にある），中央値は65である。

　データが偶数個の得点から成る場合（たとえば，87, 72, 67, 65, 45, 23），中央値は，真ん中の2つの得点の平均である。この場合，6つの得点があり，真ん中の2つの得点（3番目と4番目の得点）は，67と65である。中央値はこれらの得点の平均なので，66となる。

　中央値は中心傾向の興味深く有用な測度であるが，それには1つ理由がある。中央値は，極端な値に対して鋭敏ではなく，極端な値を含むデータにおいては，平均値よりも本当の代表値としてのイメージをより明確に与えてくれるからである。私たちは，平均値であろうと中央値であろうと最頻値であろうと，データから最も代表的な得点を代表値として得たいのだ，ということを思い出してほしい。

　たとえば，以下のデータを見てほしい（極端な得点が1つ含まれている）。

107, 30, 28, 25, 24

　平均値は42.8（214/5）であり，中央値は28である。極端な得点（107）が，平均値を上方に引き寄せている。一方，中央値は28であり，このデータを代表するのによ

りふさわしい値になっている。中央値を使うことで，極端な得点の影響を緩和することができる。

　最後に，中央値は，データに含まれる値をすべて使って計算するのではなく，データの個数に基づいた順位に対応して決まる1つの値（つまりちょうど真ん中の値）がすべてである。中央値は，常に50パーセンタイル，あるいは得点分布を二等分する点である。

もっと知るには？　質問7，12，16を参照。

# 中央値をどのように使うのですか？
## その例をあげてもらえますか？

　質問11から，中心傾向の測度としての最も有用な中央値の用い方は，極端な得点が含まれるデータに対してだとわかったであろう。結論から言うと，中央値が最もよく使われるものの1つに，アメリカや他の先進国における年収の中心傾向の測度の算出がある。

　その理由は，これらの国々における年収は多様で，値の範囲が広く，極端な値を含むからである。

　たとえば，以下のような7つの年収を例として取り上げてみよう。これらは，高い方から低い方へ，降順で記載されている。

$235,495

$60,100

$58,768

$54,675

$47,698

$45,687

$41,675

　中心傾向の測度は，すべての得点を最もよく代表する1つの得点であるということを思い出してほしい。これらの値を見ると，1つを除き，すべてが$41,000から$61,000の範囲内にあることがわかるだろう。したがって，最も中心的な点を表すためには，中心傾向の測度として，$50,000あたりが期待されるだろう。

　これらの得点の平均値は$77,728で，データをざっとみて妥当と思われる値よりかなり高い代表値となっている。一方，中央値は$54,675であり，これはまさに，大部分の値があるあたりから期待される値である。平均値を中心傾向の有用な測度として使えなくしてしまい，中央値を使用することになったのは，$235,495という1つの高い値のためである。

　平均値よりも中央値を使用する方がよいと，どうしたらわかるのだろうか。2つの方法がある。第1に，データを視覚的に調べることである。第2に，実質的に順位を示しているデータ（大きな値から小さな値へと並べたクラス内の順位など）では，平均値

よりも，中央値が最も中心的な点をより正確に反映すると思われる。

もっと知るには？　質問7，11，16を参照。

## 最頻値とは何ですか？
## どのように計算するのですか？

　最頻値は，データの中で最もたくさん現れる値であり，値の出現回数（度数）を数え，最も出現回数の多い値を特定することによって計算される。

　たとえば，以下のデータを見てほしい。ここでいう値は，個々の結果に対して与えられたラベルのことである。この場合は，異なる色である。

| | | | | |
|---|---|---|---|---|
| 赤 | 青 | 青 | 灰 | 紫 |
| 黄 | 青 | 青 | 灰 | 紫 |
| 黄 | 青 | 青 | 灰 | 紫 |
| 黄 | 青 | 灰 | 紫 | 紫 |
| 青 | 青 | 灰 | 紫 | 紫 |

　それぞれの値の度数を数えると，以下のようになる。

| 値 | 度 数 |
|---|---|
| 赤 | 1 |
| 黄 | 3 |
| 青 | 9 |
| 灰 | 5 |
| 紫 | 7 |

　最も多く現れる値は青なので（9回現れている），最頻値は青である。

　最頻値に関して最もよく見られる誤りの1つは，値それ自体ではなく，値の出現回数を最頻値として報告してしまうことである。上記の例では，最頻値は9ではなく，最も多く現れる値，すなわち青である。

最頻値に関して覚えておくべき1つの重要な点は，データのすべての値が同じ度数の場合は，そのデータには最頻値はないということである。また，データは複数の最頻値を持ちうる。2つの最頻値がある場合，値の分布は双峰分布と言われる[訳注]。

**もっと知るには？　質問7，14，16を参照。**

---

[訳注]　ただし，すべての双峰分布における2つの山が共に最頻値であるとは限らない。2つのピークを持つ分布はすべて双峰分布である。

## 最頻値をどのように使うのですか？
## その例をあげてもらえますか？

　最頻値は，値それ自体ではなく，値が現れる度数を扱っているので，中心傾向の測度として最も精密ではない。しかしながら，一群のラベルを代表する最も中心的な値を算出する場合には，中心傾向の測度として最頻値が最も適切であろう。

　たとえば，次は，5つの異なる政党に所属しているメンバーの数のリストである。

| 政　党 | メンバーの数 |
|:---:|:---:|
| A | 587 |
| B | 456 |
| C | 454 |
| D | 876 |
| E | 194 |

　この例では，最頻値は，最も度数が大きい政党Dである。

　次の双峰型の例では，度数が最大となる政党が2つある。

| 政　党 | メンバーの数 |
|:---:|:---:|
| A | 876 |
| B | 456 |
| C | 454 |
| D | 876 |
| E | 194 |

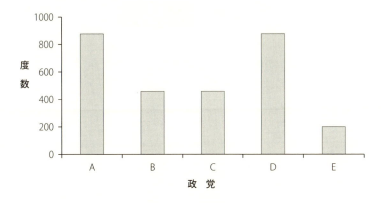

**図14.1　双峰分布**

　政党Aと政党Dはともに同じ度数であり，この分布では2つの最頻値がある。したがって，この分布は双峰型である。図14.1のように，双峰分布には，2つの「高い点」，あるいはこぶがある。

もっと知るには？　質問7，13，16を参照。

## 中心傾向のどの測度を用いるべきか，
## どのように決めたらよいのですか？

　中心傾向のどの測度を用いるべきかは，基本的に，検討しようとしているデータの種類に依存する。

　以下，どの測度をいかなるときに選択すべきかについて，まとめておく。

1. データが，実質的にカテゴリーあるいは名義尺度であれば，最頻値を用いる。カテゴリーデータあるいは名義尺度のデータは，いずれか1つのカテゴリーにのみ当てはまり，ラベルや名前によってのみ，その値を区別することができる情報である。量的な値はない。これらの例は，髪の色，所属する政党，車種，好きな野球チームなどである。

　たとえば，政治マニアの集まりで，所属政党の値は，共和党，民主党，無党派であったとしよう。この集まりの所属政党に関する最も代表的な値を決める場合，共和党員の出席者の数が最も多ければ，それが最頻値であり，中心傾向の最も正確な測度である。

2. もしデータに極端な値が含まれていれば，中心傾向の最も適切な測度は中央値である。

　たとえば，ある大都市における家屋の代表的価格を決める必要がある場合，非常に高価な家もあれば非常に安価な家もあることがわかっていたなら，最も適切な測度は中央値であろう。なぜなら，中央値は極端な値に左右されないからである。

3. もしデータがカテゴリーでなく，極端な得点も含んでいなければ，使用する中心傾向の測度として，平均値が最も適切である。

　たとえば，ある6年生のグループにおける単語の書き取り得点の代表値を算出する必要があり，20問中正しく書けた単語の数を得点としていたなら，平均値が正しい選択であろう。

以下は，これら3つの測度の区別に関して覚えておくべき，重要な2つのことである。

1. 平均値は中央値よりもより精密であり，中央値は最頻値よりもより精密である。可能であれば，最も精密な測度である平均値を使う。
2. 平均値を用いて結果を表すことができるなら，おそらくは中央値，あるいは最頻値でも結果を表すことができるであろう。同様に，中央値を用いて結果を表すことができるなら，最頻値でも表すことができるであろう。

**もっと知るには？　質問9，11，13を参照。**

質 問　**16**

## 中心傾向の測度を算出するために, Excel をどのように使ったらよいですか?

　以下の手順を踏むことで, Excel を用いて中心傾向の測度を計算できる。データは, 70点から100点までの範囲（最大100点）の学力テストにおける50人分の得点を表したものである。

1.　［データ］タブをクリックし,［データ分析］アイ[訳註]コンをクリックする。
2.　［データ分析］ダイアログボックスから,［基本統計量］オプションをダブルクリックする。
3.　［入力範囲］と［出力先］を定義する。さらに, 図16.1のように,［先頭行をラベルとして使用］と［統計情報］にチェックを入れる。

図16.1　［基本統計量］ダイアログボックス

4.　［OK］をクリックすると, 図16.2のように分析結果を見ることができる。

| | A | B | C | D |
|---|---|---|---|---|
| 1 | 得点 | | | |
| 2 | 96 | | 得点 | |
| 3 | 83 | | | |
| 4 | 96 | | 平均 | 84.6 |
| 5 | 100 | | 標準誤差 | 1.30 |
| 6 | 80 | | 中央値（メジアン） | 82 |
| 7 | 77 | | 最頻値（モード） | 97 |
| 8 | 96 | | 標準偏差 | 9.17 |
| 9 | 70 | | 分散 | 84.09 |
| 10 | 82 | | 尖度 | -1.41 |
| 11 | 97 | | 歪度 | 0.19 |
| 12 | 79 | | 範囲 | 30 |
| 13 | 77 | | 最小 | 70 |
| 14 | 91 | | 最大 | 100 |
| 15 | 79 | | 合計 | 4223 |
| 16 | 74 | | データの個数 | 50 |

図16.2 ［基本統計量］出力の結果

　図からわかるように，Excelは豊富な記述的情報を出力する。平均値は84.6，中央値は82，最頻値は97である。

　また，Excelでは関数と呼ばれるものを用いて，平均値，中央値，最頻値を計算することもできる。関数は，値を計算するために事前に組み込まれている式である。

　平均値を計算するために，AVERAGE関数を使うことができる。中央値を計算するために，MEDIAN関数を使うことができる。そして，最頻値を計算するために，MODE関数を使うことができる。

　関数を使うためには，任意のセルに関数名を入れ，対象となるデータを含むセル範囲を入れる。

　たとえば，この例で用いられたデータの最頻値を計算するためには，任意のセルに＝MODE(A2:A51) と入れる。Enterキーを押すと，最頻値（97）が返ってくる。

**もっと知るには？　質問9，11，13を参照。**

---

［訳注］［データ分析］アイコンが表示されていない場合は，次の手順で行う。
- Windows版Excelの場合：［ファイル］タブから［オプション］を選択し，［アドイン］から［分析ツール］を選んで［設定］ボタンを押す。［有効なアドイン］ダイアログボックスが表示されたら［分析ツール］にチェックを入れて［OK］ボタンを押す。
- Mac OS版Excelの場合：［ツール］メニューから［Excelアドイン］を選ぶ。［アドイン］ダイアログボックスが表示されたら，［分析ツール］にチェックを入れて［OK］ボタンを押す。

# 変動の測度についての理解

## 変動の測度とは何ですか？
## それらはなぜ使われるのですか？

　範囲，標準偏差，そして分散といった変動の測度は，データの特徴を十分に表現するために必要となる，第2のタイプの記述統計量である。すでにおわかりのように，中心傾向の測度が第1のタイプである。

　変動の測度は，広がりの測度，あるいはばらつきの測度とも呼ばれ，それぞれの得点が互いにどのくらい離れているかを反映している。より正確に言えば，変動とは，データにおけるそれぞれの値が，ある特定の値とどのくらい異なっているかを表す距離，あるいは量である。ほぼすべての変動の測度において，その特定の値とは代表値，特に平均値である。

　データの変動を測定するために用いられる3つの記述統計量は，範囲，標準偏差，分散である。

　範囲とは，これら3つの測度の中では最も精密ではないが，データにおける最大値と最小値との間の距離である。範囲は，計算するのに最も簡単な値であり，得点が互いにどの程度異なっているかについて，最も大雑把で粗い見積もりを与えてくれる。

　標準偏差は，ある特定の値，すなわちデータの代表値である平均値から，それぞれの値までの距離の平均的な大きさである。標準偏差は，最も頻繁に報告される変動の測度である。また，多くのより進んだ統計的手法のためにも用いられる。それらの手法については，本書のこの後の部分で扱う。

　分散は，標準偏差の2乗である。標準偏差と同様，記述的な道具としても，より進んだ統計量の計算においても用いられる。

　これらの変動の測度は，それぞれ，データの特徴を理解するために重要な情報を与えてくれるが，概念としての変動は，統計学全体の学習にとって非常に重要である。なぜなら，推測統計を含む手法の背後にある基本的な考え方の多くは，変動を「誤差」を表す要素として用いているからである。誤差は，誤りや不正確さと混同すべきでない。そうではなく，誤差とは，どんな研究においても参加者間に見られる個人差という，自然に生じる事柄であり，これらの個人差を捉えて理解するために必要となるものである。以上が，理論と実践の両方における，変動の役割である。

　　　　　もっと知るには？　質問19，21，25を参照。

## 変動の測度はどのように用いられるのですか？
## その例をあげてもらえますか？

　概念としての変動は，人間行動に生起する個人間および個人内の変化について洞察を与えるので，魅力的な話題である。これはしばしば**個人差**と呼ばれる。この考えが，たとえば子どもの肥満といったように，現在の関心事である話題に適用される際，変動は，変化の重要な測度という以上の意味を持ちうる。

　子どもの肥満は，しばしば，神経系，特に自律神経系，つまり本人が統制できない神経システム（自律神経系は，呼吸や心拍を統制している）の機能不全と関係があるとされる。科学者たちは，思春期（おおよそ十代）にある子どもたちが，肥満に伴う代謝のコントロールの問題のため，心拍変動が減少するなどの自律神経系の問題にさらされやすいかどうかを研究した。

　チェンらの研究では，過体重あるいは肥満の84人とそうでない87人の子どもについて，思春期の発達が自律神経系機能に及ぼす影響について検討した。子どもたちの自律神経系は，心拍変動を測定することで検討された。研究の結果は，過体重あるいは肥満の子どもは心拍変動が有意に低く，これは身体活動レベルと正の相関がある，というものであった。研究者たちは，肥満は特に思春期の子どもの自律神経系機能に不利に働くこと，そして，自律神経系機能改善のため，思春期の子どもに運動するよう促すべきであり，それは肥満を緩和することになるだろうと結論づけた。

　著者らは，応用的な観点から，学校の看護師は，特に思春期の子どもについて，疲労，興奮，無気力といった自律神経系の機能不全の兆候に気づくべきであると示唆している。さらに，著者らは，体育教師と協力して，適切な身体活動プログラムを立案し，生徒らの日々の活動にふさわしい健全な環境を提供することを提案している。

　以下が引用した文献である。

Chen, S. – R., Chiu, H., Lee, Y., Sheen, T., & Jeng, C. (2012). Impact of pubertal development and physical activity on heart rate variability in overweight and obese children in Taiwan. *The Journal of School Nursing,* *28*(4), 284-290.

もっと知るには？　質問17，22，25を参照。

## 範囲とは何ですか？
## どのように計算するのですか？

　範囲は，変動に関する最も粗い測度であり，データにおいて最大値から最小値を引くことによって計算される。それは，単に2点の距離の測度を与えてくれるだけであり，これら2つの間にある他のいかなる点についても考慮しない（非常に大雑把であり，しばしば精密でない測度であるゆえんである）。しかし，データの変動の程度について知るためには有用な道具である。

　範囲には2種類ある。

　第1のタイプは，排他的範囲[訳注1] であり，以下のように計算される。

$$r = h - l$$

ここで，

　$r$ = 範囲，
　$h$ = データの中で最も高い値，そして
　$l$ = データの中で最も低い値，

である。

　たとえば，学力テストのデータで最低点が47点，最高点が88点であるならば，排他的範囲は，

$$r = 88 - 47 = 41$$

である。

　第2のタイプは，包括的範囲[訳注2] であり，以下のように計算される。

$$r = h - l + 1$$

---

[訳注1] exclusive range の訳。定訳がないので，このように訳出した。
[訳注2] inclusive range の訳。定訳がないので，このように訳出した。

これは，排他的範囲と同じように計算されるが，1を加えてある。研究報告では，排他的範囲のほうがより一般的に計算され提示されるが，包括的範囲も選択肢の1つになる。一般的には，1つの報告の中で同じタイプが一貫して使用されている限り，どちらのタイプが報告されていても問題ない。

　範囲は，値がどのくらい異なりうるかについて大まかな見積もりを与えてくれる点で有用であるが，個々の得点を考慮していないので，有用性は非常に限定的である。

**もっと知るには？　質問17，18，25を参照。**

# 範囲がどのように使用されるか，
# その例をあげてもらえますか？

　範囲は，簡単に計算，理解することができるが，この変動の測度が用いられた文脈によって，範囲の表すところは，異なる意味，重要性を持つ。

　*Gifted Child Quarterly* に論文を掲載した3人の研究者たちは，才能ある子どもたちのマグネットスクール[訳注] とみなされている1校を含む，5つの多様な小学校における1,149人の児童の音読の流暢さと読解力の得点の範囲について調べた。彼らの結果は，範囲のような測度がいかに役に立ちうるかを示すものである。

　その結果，すべての学校における読解力レベルの範囲は，3年生で9.2，4年生で11.3，5年生で11.6であるということが明らかになった。さらに研究者たちは，10パーセンタイルを下回る得点から90パーセンタイルを越える得点の児童がいるというように，すべての小学校において，音読の流暢性得点が幅広い範囲を示すことを見いだした。この例は，範囲が情報の重要な一部分となっているものであり，これらの知見は，才能ある児童たちを含む多様な児童集団において，読みの能力の範囲が幅広いことを示している。この研究者たちは，児童が確実に達成できるように，教師は教材の内容と教え方を技能の幅広い変動に合わせて変える必要がある，と結論づけた。

　以下が引用した文献である。

Firmender, J. M., Reis, S. M., & Sweeny, S. M. (2013). Reading comprehension and fluency levels ranges across diverse classrooms: The need for differentiated reading instruction and content. *Gifted Child Quarterly, 57*(1), 3-14.

　　　　　　　もっと知るには？　質問17，18，19を参照。

---

［訳注］　特別カリキュラムを持つアメリカ発祥の公立学校。

## 標準偏差とは何ですか？　どのように計算するのですか？

　標準偏差（小文字の$s$で表される）とは，データにおけるそれぞれの得点が，その
データの代表値（通常は平均値）から，平均的にどの程度離れているかについての測
度である。変動に関する数ある測度の中の1つであり，あるデータにどの程度の変動
や多様性があるかについて評価するために使われる。

　標準偏差は，データにおけるすべての得点の平均値から各得点が離れている平均的
な大きさを得ることによって計算される。

　式は，

$$s = \sqrt{\frac{\sum(X-\overline{X})^2}{n-1}}$$

である。以下は，非常に簡単なデータを用いた例であり，20項目からなる単語書き
取りテストにおける正答数を表している。

16

14

10

15

14

12

19

15

8

7

標準偏差を計算するためには，以下の手順を踏む。

1.　上記のように，各得点を並べる。
2.　全得点の平均値を計算する。この場合13である。
3.　それぞれの得点から平均値を引く。たとえば16 − 13 = 3である。

4. 偏差のそれぞれを2乗する。たとえば，3の2乗すなわち$3^2$は9である。

5. これら，平均値からの偏差の2乗の合計を計算すると，126である。

6. この合計を，データ数引く1で割る。ここでは10 − 1つまり9で割る。126割る9は14である。

7. 14の平方根を計算すると3.74。これが標準偏差である。

［補足］

• 標準偏差を計算するとき，平均値からの偏差を2乗するが，それは，2乗（それぞれの値が正になる）しないと，合計が0になってしまうからである。

• 元々の単位（2乗する前）に値を戻すため，プロセスの最後の段階として平方根が用いられる。

• 標準偏差は，そのデータの代表値，すなわち平均値からの距離を表している。

• 分散（$s^2$）は，変動のもう1つの測度であり，標準偏差の2乗に等しい。

もっと知るには？　質問17，19，23を参照。

# 標準偏差と分散を計算する際に，
# なぜ，単に $n$ ではなく，$n-1$ を用いるのですか？

　標準偏差とは，データにおいて，ある中心点からの各得点の平均的距離であるという，質問21の標準偏差の計算についての議論を覚えているだろう。そして，この「平均」は，距離の総計をデータ数で割ることによって計算された。

　しかし，このとき，標本の大きさ（サンプルサイズ）を表す $n$ を用いる代わりに，$n-1$ を用いた。なぜだろうか？

　統計量を積極的に使用する一般的な考え方は，統計的な結果が，検討されていることを可能な限り正確に指し示すという意味で，信頼できる値と結果を生み出すというものである。私たちは，母集団の特徴を推定するために，標準偏差，分散の標本値を用いているということを思い出してほしい。

　標準偏差と分散の場合，これらの記述的指標は，母集団の測度の真値を過小に推定している可能性があるという意味で，偏りがあると考えられる[訳注1]。この偏りを補正するために，標準偏差（そして分散）の式の分母から1を減じて，不偏推定値と呼ばれるものにする[訳注2]。これにより，算出された値は真の母集団値を過大に推定するかもしれないが，偏りのある値よりも，より正確な推定値であると考えられる。

　そして，この偏りの修正について非常に興味深いことは，標本が小さいほど，偏りのある値から偏りのない値への修正がより重要になるということである。論文では，たいてい，不偏推定値が報告される。

### もっと知るには？　質問17，21，23を参照。

---

[訳注1] 標本の大きさが小さい時に，この傾向があることが知られている。
[訳註2] 標準偏差の場合は，「不偏標準偏差」などといった，「不偏推定値」であることを示唆する名称が用いられることもあるが，実際には不偏ではない。

## 標準偏差はどのように使われるのですか？
## その例をあげてもらえますか？

　薬物治療や薬が広く使用可能になる前に，ほとんどの場合，広範な検証がなされるということを知っても驚かないだろう。会社が，薬の開発にどのように資源を割り当てるか決めるときには，薬の複雑な性質，その薬の必要性，開発費用，競争といった多くの要因を考慮する。1つの要因は，薬の開発努力がどの程度世界的規模であるべきか，つまり，その薬がある地域もしくは国で検証され，その結果が他に一般化されうるか，ということである。これは，大きくかつ重要な問題である。

　多くの国での臨床試験が関わる場合，各国の特性や，標準偏差や変動係数[訳注]といった指標によって表された報告データの変動を理解することが極めて重要である。データの変動は，研究立案段階での標本の大きさの算出と同様，治療効果の正確な推定における，最も重要な要因の1つである。

　東京の北里大学の研究者らは，29の薬について，日本での臨床試験のデータと，日本以外のデータとを比較した。著者らは，日本人のデータは，データの変動の点では非日本人のデータと類似しており，変動の測度に関する日本人，非日本人の値は比較的近いことを見いだした。したがって彼らは，日本人の臨床試験のデータはほとんどの場合非日本人のデータと同様の変動を示すことから，国を超えて薬の効果が同様である可能性を示唆すると結論づけた。

　以下が引用した文献である。

Kanmuri, K., & Narukawa, M. (2013). Investigation of Characteristics of Japanese Clinical Trials in Terms of Data Variability. *Therapeutic Innovation & Regulatory Science, 47*(4), 430-437.

**もっと知るには？　質問17，21，24を参照。**

---

［訳注］標準偏差を平均値で割ったもの。

# 分散はどのように使われますか？
# その例をあげてもらえますか？

　DVあるいは家庭内暴力は，重要な問題であり続けており，犠牲者に，長く続く深刻な結果をもたらす。それは，法執行や司法にとっての挑戦であるとともに，どの社会経済的地位においても，市民の健康に関わる重要な問題である。

　しかし，この問題についての研究は，ほとんどが家父長制モデルに立脚しており，男性が加害者で女性が被害者であるとしばしば誤って述べられている。家族におけるきょうだいの虐待に関する実証研究は，専門的文献がほとんどない。ここに紹介する研究は，分散単独ではあまり有用でないが，洗練された分析手法の中では分散が不可欠であるということを示す例である。先に述べたように，標準偏差は，変動を評価するために用いられる最も一般的な記述統計量である。分散は，標準偏差の2乗であるが，ここでの例のように，もっと踏み込んだ分析の構成要素として用いられることが非常に一般的である。

　モリルとバックマンによって報告された研究では，子どものときに，加害者あるいは被害者として，きょうだいによる虐待を経験したことに性差があるかどうかを測定するために，葛藤戦術尺度に基づく調査票を用いた。多変量分散分析により，きょうだいによる虐待の被害，あるいは情動的，身体的虐待の加害に関する性差はなかったが，きょうだいによる性虐待の加害頻度は，女性の方が有意に高いことがわかった。

　以下が引用した文献である。

Morrill, M., & Bachman, C. (2013). Confronting the gender myth: An exploration of variance in male versus female experience with sibling abuse. *Journal of Interpersonal Violence, 28*(8), 1693-1708.

**もっと知るには？　質問17，22，25を参照。**

# 変動の測度を計算するために，Excel をどのように用いるのですか？

SPSS も Excel も，範囲，標準偏差，分散を簡単に計算できる。

Excel でこれらの変動の測度を計算するには，関数，あるいは分析ツールを用いることができる。すでに，いくつかのデータを一列に入力しているとしよう。

関数を用いるためには，以下の手順を踏む。

1. 標準偏差を計算するためには，任意の空白セルに，以下の関数の1つを入れる<sup>[訳注]</sup>（データの直下に入れるのが最も便利だろう）。

   STDEV.P 関数は，母集団の標準偏差を計算する。
   STDEV.S 関数は，標本の標準偏差を計算する。

2. 標準偏差を計算したい値の範囲を入れ，Enter キーを押す。

3. 分散を計算するためには，任意の空白セルに，以下の関数の1つを入れる（データの直下に入れるのが最も便利だろう）。

   VAR.P 関数は，母集団の分散を計算する。
   VAR.S 関数は，標本の分散を計算する。

4. 分散を計算したい値の範囲を入れ，Enter キーを押す。

Excel に組み込まれているこれらの関数を利用する代わりに，変動のすべての指標を算出するために，Excel の分析ツール，［基本統計量］オプションを用いることができる。

**もっと知るには？　質問17，79，80を参照。**

---

［訳注］　STDEV.P 関数は，データを母集団全体であるとみなして，質問21の式の分母をデータ数 $n$ に変えて計算する。STDEV.S 関数は，データを標本であるとみなして，質問21の式を用いて計算する。次の3.に出てくる分散の関数についても，これらの違いは同様である。

パート**4**
データの視覚的表現

## なぜ，データを視覚的に表現するのですか？
## ほんとうに百聞は一見にしかずですか？

　言葉で答える前に，あるデータ（1週間ごとの，売れたクッキーの箱数）とそのグラフを見てみよう。
　これは，表の形でまとめられたデータである。

| 週 | 売れた箱数 |
|---|---|
| 第1週 | 12 |
| 第2週 | 15 |
| 第3週 | 8 |
| 第4週 | 22 |

図26.1は，Excelを用いて作成したシンプルな折れ線グラフである。

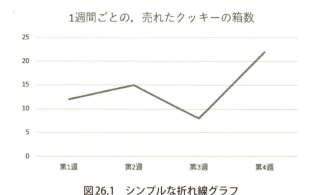

**図26.1　シンプルな折れ線グラフ**

　折れ線グラフを用いるのは，それが時間経過に伴う変化を記録し，図示するのに一番よい形式だからである。このようなシンプルな折れ線グラフを数回のマウス操作で作成する方法を後で学ぶ（質問34を参照）。

これらの2通りのデータの表現方法（表とグラフ）を比較するときに重要な問いは，「どちらがより理解しやすいか？」である。

　もっとも強力で有用な感覚は，視覚である。本質的に，我々はそもそも視覚的な刺激から理解するようになっている。上記の表はコンパクトで直接的であるが，表自体からは，時間経過（この場合，週ごと）によりデータがどのように変化したか，また，その変化の大きさについてはわかりにくい。折れ線グラフは，そのどちらも教えてくれる。具体的には，ある時点から次の時点にかけて，線が水平か，どの程度の大きさで上昇あるいは下降しているかによって，それらを示している。

　たとえば，第3週と第4週の間の差は，14箱の売り上げの上昇があり，たとえば第1週と第2週の間の傾きに比べて傾きが急であるので，特に有意味であることがわかる。

　データの視覚的表現は，こうした変化を素早く簡単に見せてくれる。常にデータの要約を表の形で報告しなさい。そして，もし可能であれば，それらをグラフでも表してみなさい。

もっと知るには？　質問27，34，39を参照。

## データの効果的な視覚的表現を作るためのガイドラインが，何かありますか？

　視覚的に興味を引いて，比較的すっきりとデータを図示する方法は何百通りもある。本書では後で，折れ線グラフ，円グラフ，棒グラフなどのグラフについて扱うが，ここでは，作成するグラフの種類や提示するデータの種類によらず留意すべき，5つのポイントを示す。

1. **練って，練って，もっと練る。** グラフ用紙を取り出して，実際に，あなたがどのようにグラフを見せたいのか計画を練りなさい。その際，グラフのタイトル，もし必要なら軸のタイトル，グラフのパターン，大きさ，その他，提示に当たって重要な要素を含める。
2. **1つのグラフには1つのアイデアを。** 1つのグラフにいくつかのアイデアを入れることができても，1つだけに絞るべきである。グラフの目的は，アイデアをよりわかりやすく提示することである。そうすれば，読み手がグラフを誤って解釈する可能性が大いに減る。
3. **目盛り（$x$軸と$y$軸）が互いに釣り合うように。** 垂直軸と水平軸とが適切な比率（約3：4）になるようにする。そうすれば，グラフが不自然に見えない。
4. **シンプルイズベスト。** 目標は，理解を最大化し，混乱や誤解の可能性を最小化するグラフを提供することである。グラフはシンプルであるべきであり，しかし，過度に単純になりすぎないようにして，1つの主要なアイデアを伝えるべきである。もし追加の情報を示す必要があるがそうすると視覚的な混乱をもたらすかもしれないなら，脚注や添付のテキストにまわすべきである。
5. **ガラクタは不要。** グラフを作るためにソフトウェアが提供するすべての利用可能なおまけ機能（多様なデザインや，パターンや，形，大きさなど）を用いると，ゴチャゴチャしたグラフができあがる。こうしたすべての機能を使うのは面白いが，表面的だったり，何も伝わらなかったりする。保守的でありなさい。メッセージを伝えるのに必要な，最小限の道具を用いなさい。

もっと知るには？　質問26，38，39を参照。

## 度数分布と累積度数分布とは何ですか？
## どのように作ることができますか？

　度数分布は，ローデータを要約したものであり，各値が何回生じているかを示している。度数分布は，ローデータを，階級ごとにまとめるための方法で，これをもとにヒストグラムを作成することができる。ヒストグラムは度数分布の視覚的表現である。

　ここに25個の得点がある。これに基づいて，度数分布を作るために必要な手順を示す。

| | | | | |
|---|---|---|---|---|
| 20 | 24 | 11 | 10 | 2 |
| 1 | 15 | 23 | 13 | 11 |
| 1 | 4 | 20 | 13 | 1 |
| 4 | 13 | 23 | 17 | 14 |
| 1 | 3 | 5 | 4 | 3 |

1. 階級，すなわち，データの各値が入る得点の範囲を選ぶ。5 〜 10個の階級となるようにしなさい。この例では，5つの階級を使うことにする。すなわち，階級は0–4，5–9，10–14，15–19，20–24となる。
2. 2つの列からなる表を用いて，ローデータでそれぞれの階級に属する値が出現する回数を数えて，その数字を適切な階級の隣に記入する。最終的な結果は，度数分布として，以下のように表される。

| 階　級 | 度　数 |
|---|---|
| 20 – 24 | 5 |
| 15 – 19 | 2 |
| 10 – 14 | 7 |
| 5 – 9 | 1 |
| 0 – 4 | 10 |

累積度数分布では，下記のように，前の度数に次の度数が加算されていき，度数の累積和が示される。累積度数分布は，ある階級以下の値がデータ全体のうちどれくらいの割合を占めるかを示すために，しばしば累積パーセンテージとともに用いられる。

| 階　級 | 度　数 | 累積度数 |
|---|---|---|
| 20-24 | 5 | 25 |
| 15-19 | 2 | 20 |
| 10-14 | 7 | 18 |
| 5- 9 | 1 | 11 |
| 0- 4 | 10 | 10 |

度数分布はグラフではない。グラフは本質的により視覚的なものである。しかし，度数分布は，単にローデータを並べるよりも一段階上であり，さらに，ヒストグラムや他のグラフを作るための最初の手順である。

もっと知るには？　質問26，29，31を参照。

## ヒストグラムとは何ですか？
## どのように手作業で作ることができますか？

　ヒストグラムは，度数分布を視覚的に表現したものである。ヒストグラムは，各階級に含まれる度数を効果的に図示するための簡便な方法である。Excelを用いてヒストグラムを作成する方法は質問30で示すが，手作業でヒストグラムを作る方法を知ることも重要である。

　（質問28のデータを用いて）以下に示すようなヒストグラムを作るには，次ページの手順に従う。

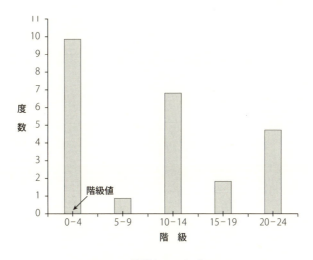

図29.1　簡単なヒストグラム

1. 5 〜 10mmのマス目の方眼紙を用いる（自分用の方眼紙を www.printfreegraphpaper. com で作ることができる）。縦軸すなわち $y$ 軸に「度数」とラベルを書き，$x$ 軸に「階級」と書く[訳注]。この例では（質問28参照），$y$ 軸には $0 \sim 11$ の値がふられ，$x$ 軸は「0–4」「5–9」「10–14」「15–19」「20–24」に区切られる。

2. 各階級の階級値の位置に柱を作る。階級値とは階級の中央にくる値である。ヒストグラムの棒それぞれの高さは，その階級の度数に対応している。たとえば，10–14という階級（この階級の階級値は12である）については，度数を表す棒の高さは，（縦軸の）7という値のところになる。

   a. 値が現れるたびに「正」の字などの印をつけて，棒を使わずに同様の視覚的表現を作ることもできる。単に印を積み上げるだけである。

ヒストグラムの有用性は，どの階級の値が他の階級よりも多いかを簡単に知ることができる，得点の範囲をおおまかに推定することができる，代表値（中央値や平均値など）の見当をつけることができる，といった点にある。

もっと知るには？　質問26，30，39を参照。

---

[訳注]　通常は「売れたクッキーの箱数」など具体的な変数の名称を書くことが多い。

# Excelを用いて，
# どのようにヒストグラムを作ることができますか？

　質問28のデータについて，Excelを使ってヒストグラムを作るには，以下の手順に従う。

1. 階級（0-4, 5-9, 10-14, 15-19, 20-24）を，1, 2, 3, 4, 5という数値にそれぞれ変換する。図30.1のA列のように，データの中の1つひとつの値について，それに対応した変換後の値を，Excelのワークシートに1つずつ入力する。

2. 図30.1のB列のように，「階級」を入力する。これは，「得点」の列に出現するすべてのカテゴリーを表した数値である（この例では1〜5の数値）。

| | A | B |
|---|---|---|
| 1 | 得点 | 階級 |
| 2 | 1 | 1 |
| 3 | 1 | 2 |
| 4 | 1 | 3 |
| 5 | 1 | 4 |
| 6 | 1 | 5 |
| 7 | 2 | |
| 8 | 2 | |

**図30.1　ヒストグラムのためのデータを入力する**

3. ［データ］タブをクリックし，［データ分析］アイコンを選ぶ。そして，データ分析ダイアログボックスから，［ヒストグラム］を選ぶ。

4. ［入力範囲］にセルの範囲を入力する。［データ区間］にセルの範囲を入力する。［出力先］にセル番号を入力する。

5. ［ラベル］にチェックを入れる。

6. ［累積度数分布の表示］と［グラフ作成］にチェックを入れる。ヒストグラムダイアログボックスでの操作を完了すると，図30.2のようになる。

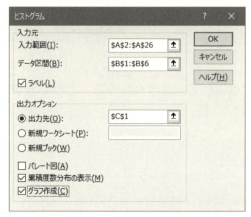

図30.2　ヒストグラムダイアログボックス

7. ［OK］をクリックすると，図30.3のようなヒストグラムが作成される。

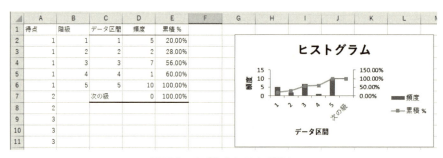

図30.3　完成したヒストグラム

もっと知るには？　質問29, 32, 39を参照。

# 累積曲線とは何ですか？
# Excel を用いてどのように作ることができますか？

　ヒストグラムは，度数分布の視覚的表現である。累積曲線は，累積度数分布の視覚的表現である。これが非常に有用なのは，各階級における累積度数の変化を示すからである。

　Excelを用いて累積曲線を作るには，以下の手順に従う。

1. 新しいワークシートで，質問30で行ったのと同様に，階級と，その階級での度数を入力する。これは累積曲線を作るためのもとになる度数分布である。列に，「階級」「度数」とラベルをつけること。

2. 2つの新しい列を追加する。新しい2列目は，それぞれの階級の階級値である。新しい4列目には，累積度数が入力される。累積度数は，その階級の度数と，その階級よりも下の階級の度数を合計したものである。すべての列は，次の表のように示される。

| 階　級 | 階級値 | 度　数 | 累積度数 |
|---|---|---|---|
| 20−24 | 22 | 5 | 25 |
| 15−19 | 17 | 2 | 20 |
| 10−14 | 12 | 7 | 18 |
| 5− 9 | 7 | 1 | 11 |
| 0− 4 | 2 | 10 | 10 |

3. 2列目（階級値）と4列目（累積度数）を同時に選択する[訳註]。

4. ［挿入］タブをクリックし，［散布図］アイコンをクリックする。

5. ［散布図］アイコンのドロップダウンメニューから，［散布図（平滑線）］アイコンをクリックする。図31.1に示されたような累積曲線が得られる。

---

［訳注］コントロールキーを押しながら，2つの列をマウスでドラッグ。

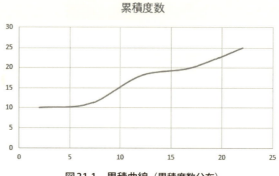

**図31.1　累積曲線（累積度数分布）**

　ヒストグラムダイアログボックスの［パレート図］オプションをクリックしても，累積曲線を作ることができる。

　階級を入力したセルは書式を文字列として設定し，Excelが，これらを数値としてではなく，軸のラベルとして扱うようにすること。

もっと知るには？　質問28，30，32を参照。

## 縦棒グラフとは何ですか？
## Excel を用いてどのように作ることができますか？

　縦棒グラフは，垂直の棒を用いて $x$ 軸に示されたカテゴリーに対応する度数，もしくは値を表現する，カテゴリーデータの視覚的表現である。Excelを用いて縦棒グラフを作るには，以下の手順に従う。

1. 新しいワークシートで，以下の表のように，カテゴリーと，それぞれのカテゴリーの出現回数を入力する。

| 政　党 | 度　数 |
|---|---|
| 民主党 | 154 |
| 共和党 | 213 |
| 無所属 | 54 |

2. すべてのデータを選択する。
3. ［挿入］タブをクリックし，［縦棒／横棒グラフの挿入］アイコンをクリックする。
4. ［2−D縦棒］アイコンをクリックすると，図32.1のようなグラフが作成される。

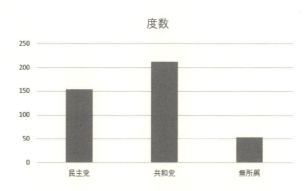

**図32.1　シンプルな縦棒グラフ**

カテゴリーの名前を含んだセルは書式を文字列として設定し，Excelが，これらを数値としてではなく，軸ラベルとして用いるようにすること。

もっと知るには？　質問29，30，39を参照。

## 横棒グラフとは何ですか？
## Excel を用いてどのように作ることができますか？

　横棒グラフは，水平の棒を用いて，縦軸に示されたカテゴリーに対応する度数，もしくは値を表現する，カテゴリーデータの視覚的表現である。Excelを用いて横棒グラフを作るには，以下の手順に従う。

1.　新しいワークシートで，以下のようにデータを入力する。ここでは，性別と度数が示されている。

| 性　別 | 度　数 |
|---|---|
| 男性 | 156 |
| 女性 | 210 |

2.　すべてのデータを選択する。
3.　［挿入］タブをクリックし，［縦棒／横棒グラフの挿入］アイコンをクリックする。
4.　［2−D横棒］アイコンをクリックすると，図33.1のようなグラフが作成される。

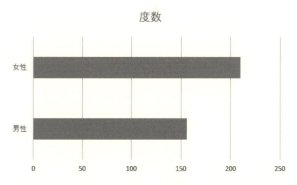

図33.1　シンプルな横棒グラフ

縦軸の値を含んだセルは，書式を文字列として設定し，Excelが，これらを数値としてではなく，軸ラベルとして用いるようにすること。

もっと知るには？　質問26，32，39を参照。

# 折れ線グラフとは何ですか？
## Excel を用いてどのように作ることができますか？

折れ線グラフは，$x$軸の値を表すために折れ線を用いる，非カテゴリーデータの視覚的表現である。Excelを用いて折れ線グラフを作成するには，以下の手順に従う。

1. 新しいワークシートで，$x$軸上の値と，それぞれに対応する値を，以下の表のように入力する。この例は，四半期ごとの収入を1,000ドル単位で示したものである。

| 四半期 | 収 入 |
|---|---|
| 第1四半期 | $1,867 |
| 第2四半期 | $2,193 |
| 第3四半期 | $989 |
| 第4四半期 | $1,358 |

2. すべてのデータを選択する。
3. ［挿入］タブをクリックし，［折れ線／面グラフの挿入］アイコンをクリックする。
4. ［2−D折れ線］アイコンをクリックすると，図34.1のようなグラフを作成することができる。

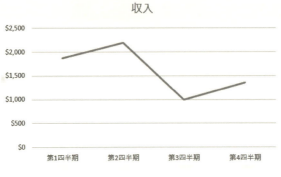

**図34.1　シンプルな折れ線グラフ**

もっと知るには？　質問37，38，39を参照。

# 円グラフとは何ですか？
# Excel を用いてどのように作ることができますか？

　円グラフは，ある変数の各カテゴリーが全体に占める割合を表すために，円の内部を区切って用いる（区切った断片はスライスと呼ばれる），カテゴリーデータの視覚的表現である。円グラフをExcelで作るには，次の手順に従う。

1.　新しいワークシートに，以下の表のように，カテゴリーとそれぞれのカテゴリーの出現する回数を入力する。ここでは，4車種の自動車の販売台数のデータを示した。

| モデル | 販売台数 |
|---|---|
| ボルボ | 564 |
| シボレー | 3,434 |
| ホンダ | 4,331 |
| メルセデス | 312 |

2.　データを選択する。
3.　［挿入］タブをクリックし，［円またはドーナツグラフの挿入］アイコンをクリックする。
4.　最初の「2-D円」アイコンをクリックすると，図35.1の円グラフが作成される。

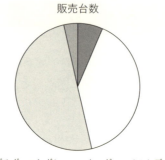

販売台数

■ ボルボ　□ シボレー　□ ホンダ　■ メルセデス

**図35.1　シンプルなグラフ**

もっと知るには？　質問26，37，38を参照。

# 散布図とは何ですか？
## Excel を用いてどのように作ることができますか？

　散布図は，データ内のそれぞれのケースに対する2つの値を視覚的に表現するためのものである。たとえば，体重減少プログラムの，10人の参加者それぞれの身長と体重を示すのに用いる。Excel を用いて散布図を作るためには，以下の手順に従う。

1. 新しいワークシートに，以下の表に示すように，それぞれの参加者について2つの値（身長と体重）を入力する。

| 参加者 | 身長（cm） | 体重（kg） |
|:---:|:---:|:---:|
| 1 | 165 | 70 |
| 2 | 135 | 56 |
| 3 | 177 | 97 |
| 4 | 162 | 120 |
| 5 | 185 | 125 |
| 6 | 152 | 93 |
| 7 | 130 | 53 |
| 8 | 182 | 111 |
| 9 | 195 | 107 |
| 10 | 147 | 71 |

2. すべてのデータ[訳註]を選択する。
3. ［挿入］タブをクリックし，［散布図（X, Y）またはバブルチャートの挿入］アイコンをクリックする。
4. ドロップダウンメニューから，最初の［散布図］アイコンをクリックすると，図36.1に見られるような散布図が作成される。散布図におけるそれぞれの点は，y軸の値とx軸の値の2つを表している。

---

［訳注］身長と体重のみ。

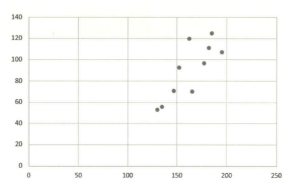

**図36.1 シンプルな散布図**

もっと知るには？ 質問38，42，43を参照。

## Excelで作成したグラフを編集するには，
## どうすればよいですか？

　Excelで作成したグラフを編集する方法は，非常にたくさんある。図37.1は，図36.1で登場した散布図をもとに，それを編集したバージョンである。

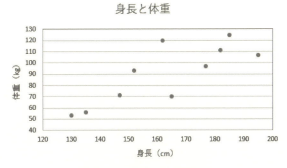

**図37.1　編集された散布図**

この散布図を編集するために，以下の手続きを実行した。

1. 散布図の［グラフエリア］をクリックする。グラフエリアはマウスを図の上に移動させると現れる。
2. グラフの右肩に現れる［グラフ要素］ボタン（十字のマーク）をクリックして，［軸ラベル］と［グラフタイトル］にチェックが入っていない場合には，チェックを入れる。
3. 図のタイトル領域をクリックして，「身長と体重」と編集する。
4. 縦軸のタイトルをクリックして，「体重（kg）」と編集する。
5. 横軸のタイトルをクリックして，「身長（cm)」と編集する。
6. 散布図の横軸の上でマウスを右クリックすると，図37.2のような［軸の書式設定］ダイアログボックスが現れる。

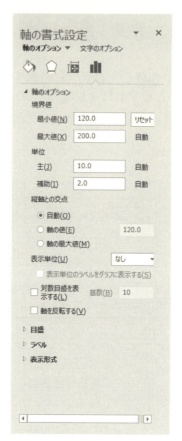

**図37.2 軸の書式設定ダイアログボックス**

7. ［軸のオプション］の［境界値］の［最小値］に数値を入れる。グラフに戻って，マウスボタンを左クリックすると，グラフが書き換えられる。

8. グラフのマーカーの上でマウスを右クリックし，［データ系列の書式設定］を選択し，［塗りつぶしと線］［マーカー］［マーカーオプション］と進むと，マークの種類を替えることもできる。

　グラフを編集するとき知っておくべき最も重要なことは，グラフのいかなる要素（軸，マーカー，線，など）もクリックできて，あなたの望むように編集できるということである。

もっと知るには？　質問26，36，39を参照。

# 他の文書の中にグラフを挿入するには, どうすればよいですか？

　何らかのデータを用いて作業する場合, デジタル形式でデータを一度だけ入力しさえすればよい。たとえば, Excelのようなスプレッドシートを用いてグラフを作ったなら, WordやOpenOffice Writerや他のワードプロセッサを用いて作った文書に簡単に挿入することができる。

　グラフをWord文書に挿入するには, 以下の手順に従う。

1.　図38.1のように, グラフを選択する。グラフエリアのどこかをクリックすればよい。グラフが選択されると, グラフの境界線の表示が変わる[訳注]。

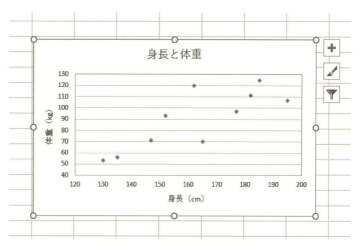

**図38.1　Excelでグラフを選択する**

2.　右クリックをして, ［コピー］を選ぶか, ［ホーム］タブから［コピー］アイコンをクリックする。
3.　グラフを貼り付けたい文書を開き, グラフを表示させたい場所にカーソルを置

---

［訳注］　どのように変わるかはExcelのバージョンによって異なる。

く。

4. ［ホーム］タブから［貼り付け］をクリックする。［貼り付けのオプション］から，［元の形式を保持しデータをリンク］オプションを選ぶ。右クリックして，［貼り付けのオプション］から選ぶこともできる。こうすることで，Excelのグラフを変更すると，Word文書におけるグラフのコピーにも反映される。

以上で，グラフが文書に挿入される。

　あるアプリケーションで作成されたグラフを他のアプリケーションへ挿入するときのもっとも有用な特徴は，おそらく，コピーが原本とリンクされることである。もし，元のグラフ（この場合，Excel）のデータが変更されると，グラフのコピーも（この例では，Wordの中で）自動的に変更される。この性質は通常，MicrosoftのExcelとWordのように，同じ製造者によって開発されたアプリケーションで利用できる。しかし，もしデータが変更された場合，データやそのデータに基づくグラフを含むすべてのファイルを保存しなければならないことに注意すべきである。

もっと知るには？　質問26，37，39を参照。

# いつ，どのような種類のグラフを使うべきですか？

　最初の問いに答えるのは簡単である。あなたが扱っているデータの視覚的な表現が，あなたが伝えようとしているアイデアについての読者の理解を促進するときはいつでも，である。グラフは，多くの要素が詰め込まれ過ぎて，ガラクタに溢れているのでない限り，ほとんどどんな視覚的表現であってもデータをよりよく表現できる。グラフは大変有益であるが，用いる場合は思慮深くあるべきである。どんなデータでも，グラフや視覚的表現が必要となるわけではない。しかし，もしグラフが添えられれば，最も重要なポイントをより強調して伝えられるだろう。

　いつ，どのようなグラフを用いるべきかであるが，グラフの種類，それぞれの種類がいつ用いられるべきか，それを用いる例について，簡単な要約を示す。同じデータを説明するのに多くの異なるグラフを用いることができるが，より正しいグラフの使い方があるのも確かである。

| グラフの種類 | いつ使うか | 例 |
|---|---|---|
| 縦棒グラフ | 項目をお互いに比較する。あるいは時間経過に伴う変化を検討する。棒は垂直に引かれる。 | デモ参加者の賛成と反対の人数。 |
| 横棒グラフ | 項目をお互いに比較する。あるいは時間経過に伴う変化を検討する。棒は水平に引かれる。 | 2013年に，3つの地域組織によって集められた金額。 |
| 折れ線グラフ | 時間的に連続したデータを示す。等しい間隔でのデータの傾向を示すのに最適である。 | 1年間の，月ごとの売り上げの変化。 |
| 円グラフ | 1つの項目が残りの項目に比べてどの程度の大きさかを示す。 | 異なる種類のキャンディの売り上げ。 |
| 面グラフ | 時間経過における変化の量を強調する。 | 他の9つの開発途上国と比較した，ある国の人口増加。 |
| 散布図 | 2つの変数間の関係を示す。 | 高校における GPA [訳注] と大学における GPA。 |
| ドーナツグラフ | 円グラフのように，1つの項目が他の項目に比べてどの程度大きいかを示す。ただし，一度に複数の系列を示すことができる。 | 四半期ごとの収入についての3年分のデータ。 |

**もっと知るには？**　質問27，37，38を参照。

---

[訳注] Grade Point Average. アメリカで一般的に行われている学生の成績評価方法。

# 相関係数とは何ですか？
# どのように使うのですか？

　たいていのデータは，平均値のような中心傾向の測度と，標準偏差のような変動の測度を用いて記述できることをすでに学んだ。しかしながら，2つ以上の変数間の関係を記述できることが重要となるときもある。

　ピアソンの積率相関係数（カール・ピアソンにちなんで名づけられた）とも呼ばれる相関係数は，$X$と$Y$のような，2つの変数間の関係を反映する数値的指標である。

　相関係数は$r_{xy}$という記号で表され，$-1.00$から$+1.00$までの値をとる。相関係数についてもっとも誤りやすい点は，おそらく，符号よりも絶対値の方が重要だということである。たとえば，2つの変数間の相関が$-0.7$であるとき，それは$+0.6$という相関よりも強い，ということである。

　2つの変数間の相関はしばしば，2変量（2つの変数という意味）相関と呼ばれる。いくつかの変数の中から任意の2変数の相関を計算することは容易である。たとえば，年齢，身長，体重に相関があるならば，以下の関係を見ることが考えられる。

| 変　数 | 相　関 |
|---|---|
| 年齢と身長 | $r$ 年齢・身長 |
| 年齢と体重 | $r$ 年齢・体重 |
| 身長と体重 | $r$ 身長・体重 |

　ピアソンの相関係数は2変数間の関係を見ており，これら2つの変数はいずれも本質的に連続変数でなくてはならない。すなわち，身長（cm），体重（kg），時間（秒），収入といった尺度上で，任意の値をとることができなくてはならない。たとえば，教育年数と標準テスト得点の間の関係を検討するために，ピアソンの相関係数を用いることが考えられる。性別，出自，選挙での投票先のような，連続でないカテゴリー変数については，別の相関を用いることができる。

もっと知るには？　質問41，42，50を参照。

## 相関係数をどのように使うのですか？
## その例をあげてもらえますか？

　相関係数は常に，変数間の関係の強さについて判断を行うために使われる。変数間に関係があるかどうかだけを見るために，記述的に用いられることもあるが，最初に得られた知見に基づいて結論を母集団に拡張するために，推測的に用いられることもある。

　標本での結果から母集団へと推論を行うために相関係数をどのように用いることができるかを示している研究として，学校での協働的文化と生徒の学業成績との関係を検討したものがある。学校文化のデータは，6因子の調査項目を用いて，インディアナ州にある81の学校の教師から集められた。

　協働的文化の特徴（教師間の相互的支援など）が，高いテスト得点と関連するのかどうかを明らかにするために，これら6つの因子と学業成績との相関が計算された。6つの因子は，協働的リーダーシップ（教師間の協働を促進すること），教師の協働（協働的文化を現す行動），専門的能力の開発（新しいアイデアに対する教師の態度），目的の一貫性（学校のミッションに基づいた教育），平等な関係での支援（教師間の同僚性），学習のパートナーシップ（教師と親とのコミュニケーションの質）であった。6つの因子はすべて，生徒の学業成績と正の相関があった。この知見は，これらの結果が関連していることを示唆している。そこで次の手順として，こうしたスキルを開発するためのもっと正式な訓練を教師に提供し，学業成績における結果について実験的検討を行うことが考えられる。

　以下が引用した文献である。

Gruenert, S. (2005). Correlations of collaborative school cultures with student achievement. *NASSP Bulletin, 89*, 43-55.

もっと知るには？　質問40，44，49を参照。

## 相関係数にはどのようなタイプがありますか？

　相関係数の大きさと値（－1.0から＋1.0の範囲）は，変数間の関係と，一方の変数の変化に伴って他方の変数がどのように変化するかについて，多くの情報を与えてくれる。

　2つの変数が同じ方向に変化するならば，相関係数は正である。たとえば，子どもの身長が伸びるのに伴って，通常は体重も増える。このことは，身長と体重には正の相関があることを意味する。この相関係数は.00から＋1.00の間の値になるだろう。

　2つの変数が反対の方向に変化するならば，相関係数は負である。たとえば，テストを早く終わらせるほど，間違いは多くなるだろう。このことは，テストにかけた時間と誤答率には負の相関があることを意味する。この相関係数は.00から－1.00の間の値になるだろう。

　以下の表は，互いの変数の変化，その変化が表す相関のタイプ，考えられる相関係数の値，そして具体例をまとめたものである。

| 変数 $X$ の変化 | 変数 $Y$ の変化 | 相関のタイプ | 値 | 例 |
|---|---|---|---|---|
| $X$ の値が増加 | $Y$ の値が増加 | 正 | 0.00から＋1.00 | 学習に費やす時間が長くなると，テストの点数が高くなる。 |
| $X$ の値が減少 | $Y$ の値が減少 | 正 | 0.00から＋1.00 | 睡眠時間が短くなると，テストの成績が悪くなる。 |
| $X$ の値が増加 | $Y$ の値が減少 | 負 | 0.00から－1.00 | 運動をするほど，体重が減少する。 |
| $X$ の値が減少 | $Y$ の値が増加 | 負 | 0.00から－1.00 | 練習時間が短いほど，他の活動に使える時間が増える。 |

もっと知るには？　質問40，41，46を参照。

## 散布図は,
## 相関係数の理解にどのように役立つのですか?

すでに学習したように,散布図はそれぞれのケースについての2つの値を視覚的に表現したものである。散布図を作成するのは,X–Yの座標上にデータを配置するだけでよい。以下のデータについては,図43.1に示されているようになる。

| 参加者 | 身長（cm） | 体重（kg） |
|:---:|:---:|:---:|
| 1 | 165 | 70 |
| 2 | 135 | 56 |
| 3 | 177 | 97 |
| 4 | 162 | 120 |
| 5 | 185 | 125 |
| 6 | 152 | 93 |
| 7 | 130 | 53 |
| 8 | 182 | 111 |
| 9 | 195 | 107 |
| 10 | 147 | 71 |

### 身長と体重

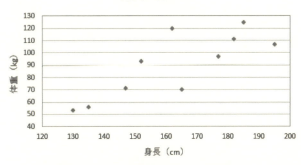

**図43.1 正の相関を示している散布図**

図43.1を見ると，全体として図の左下から右上に向かって点が並んでいることがわかる。この配置は，点全体の傾きが正であり，変数間に相関がある（実際の値は0.81である）ことを示している。図43.1は正の相関の視覚的な表現である。身長が高くなるにつれて体重が増加し，その逆も言える。

図43.2は負の相関の視覚的な表現である。点は散布図の左上から右下に向かってまとまる傾向にある。時間が長くなるにつれてエラーは減少する。その逆も言える。

最後に，変数が互いに無関係で，共通点がないこともある。このような関係は，図43.3の散布図に示されている。

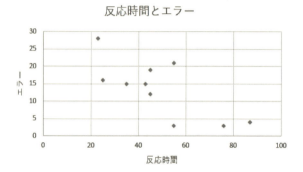

**図43.2　負の相関を示している散布図**

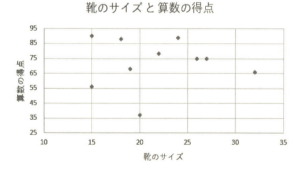

**図43.3　相関のない散布図**

散布図は，変数間の関係についての視覚的な手がかりを与えてくれるので有益である。それによって，関係の性質がはっきりわかる。興味ある相関を報告するときには，散布図も含めると非常に有効である。

もっと知るには？　質問36，42，44を参照。

## 相関係数はどのように計算するのですか？

相関係数は，適切な値を単純な式に代入することで計算される。
次がその式である。

$$r_{xy} = \frac{n\Sigma XY - \Sigma X \Sigma Y}{\sqrt{[n\Sigma X^2 - (\Sigma X)^2][n\Sigma Y^2 - (\Sigma Y)^2]}}$$

ここで，

$r_{xy}$は$X$と$Y$の相関係数，
$n$ は標本の大きさ，
$X$は変数$X$での個々の値，
$Y$は変数$Y$での個々の値，
$XY$は$X$の各値とそれに対応する$Y$の値の積，
$X^2$は$X$での個々の値の2乗，
$Y^2$は$Y$での個々の値の2乗，

である。
　例として，次のデータを用いて，変数$X$と$Y$の相関係数（小文字の$r_{xy}$で表す）を計
算してみよう。

| $X$ | $Y$ | $X^2$ | $Y^2$ | $XY$ |
|---|---|---|---|---|
| 1 | 3 | 1 | 9 | 3 |
| 4 | 7 | 16 | 49 | 28 |
| 5 | 8 | 25 | 64 | 40 |
| 3 | 9 | 9 | 81 | 27 |
| 5 | 6 | 25 | 36 | 30 |
| 6 | 9 | 36 | 81 | 54 |
| 7 | 8 | 49 | 64 | 56 |
| 5 | 8 | 25 | 64 | 40 |
| 6 | 9 | 36 | 81 | 54 |
| 4 | 7 | 16 | 49 | 28 |
| 合計 | 46 | 74 | 238 | 578 | 360 |

値を代入すると，式は次のようになる。

$$r_{xy} = \frac{10(360) - (46)(74)}{\sqrt{[10(238) - (46)^2] - [10(578) - (74)^2]}} = .69$$

結果は $r_{xy} = 0.69$ となり，正の相関である。

もっと知るには？　質問40，45，46を参照。

**質問 45**

# Excelで相関係数を計算するにはどうすればよいですか？

Excelを使って相関係数を計算するには，CORREL関数を用いる。質問44と同じデータを用いることにしよう。

Macあるいは Windowsを使っているならば，以下の手順を踏む。

1. 結果を表示させたいセルに= CORRELと入力する。
2. 第1のデータ配列，コンマ，第2のデータ配列を順に入力する。入力し終えると図45.1に示されたようになる。
3. Enterキーを押すと，関数を入力したセルに0.69（1/100の位での最も近い値に丸めている）という相関係数が返される。

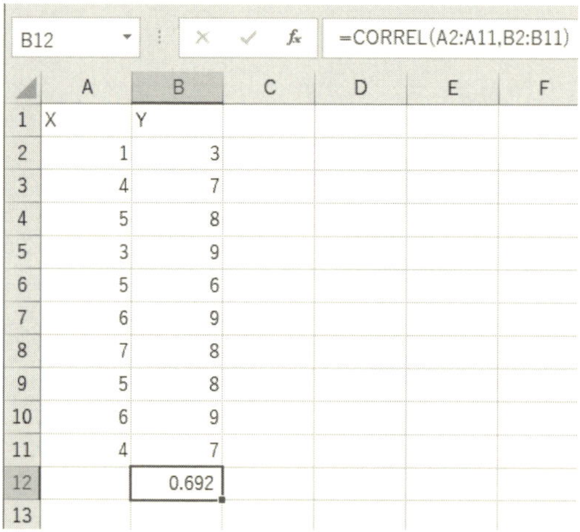


| | A | B | C | D | E | F |
|---|---|---|---|---|---|---|
| 1 | X | Y | | | | |
| 2 | 1 | 3 | | | | |
| 3 | 4 | 7 | | | | |
| 4 | 5 | 8 | | | | |
| 5 | 3 | 9 | | | | |
| 6 | 5 | 6 | | | | |
| 7 | 6 | 9 | | | | |
| 8 | 7 | 8 | | | | |
| 9 | 5 | 8 | | | | |
| 10 | 6 | 9 | | | | |
| 11 | 4 | 7 | | | | |
| 12 | | 0.692 | | | | |
| 13 | | | | | | |

**図45.1　CORREL関数**

［データ分析ツール］の［相関］オプションを利用するには，以下の手順を踏む。

1. ［データ］タブの［データ分析］アイコンをクリックする。［データ分析ツール］のダイアログボックスが現れる。

2. ［相関］オプションをダブルクリックする。
3. 図45.2に示すように，入力範囲，出力先，列ラベルを出力に含めるかどうかを指定して，［相関］のダイアログボックスを完成させる。

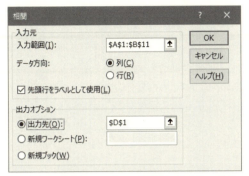

**図45.2 ［データ分析ツール］の［相関］ダイアログボックス**

4. Enterキーを押すと，図45.3に示すように，相関行列が出力される。

| ▲ | A | B | C | D | E | F |
|---|---|---|---|---|---|---|
| 1 | X | Y | | | X | Y |
| 2 | 1 | 3 | | X | 1 | |
| 3 | 4 | 7 | | Y | 0.691859 | 1 |
| 4 | 5 | 8 | | | | |
| 5 | 3 | 9 | | | | |
| 6 | 5 | 6 | | | | |
| 7 | 6 | 9 | | | | |
| 8 | 7 | 8 | | | | |
| 9 | 5 | 8 | | | | |
| 10 | 6 | 9 | | | | |
| 11 | 4 | 7 | | | | |
| 12 | | | | | | |

**図45.3 ［データ分析ツール］の［相関］オプションの結果**

もっと知るには？　質問40，44，46を参照。

# 相関係数の値を解釈する，
# もっとも直接的な方法は何ですか？

　相関係数は2変数間の関係の程度を示す数値である。相関係数は必ず−1.00（完全な負の相関）から＋1.00（完全な正の相関）の間の値をとる。しかし，この値をどう解釈するのだろうか？　この値は何を意味するのだろうか？

　相関係数を解釈するもっとも直接的な方法は，以下の表を用いることである。これは相関の強さについての簡便な評価を与えている。

| 相関係数の絶対値が・・・の範囲であれば | 2変数間の関係は・・・ |
|---|---|
| .8 − 1.0 | とても強い |
| .6 − .8 | 強い |
| .4 − .6 | 中程度 |
| .2 − .4 | 弱い |
| .0 − .2 | なし |

　相関係数の強さを解釈するのに上の表を用いるのは，最も正確な方法というわけではないが，変数間の関係の強さについての感覚を与えていることは確かである。もっと正確な方法については，決定係数についての質問47で述べる。

　　　　　もっと知るには？　質問40，42，47を参照。

# 決定係数とは何ですか？
# どのように計算するのですか？

　単純に相関係数の値を検討するだけでも，2変数間の関係の強さについての一般的な評価を与えることができるが，これを行うもっと正確な方法がある。

　相関係数の2乗である$r_{xy}{}^2$で表される決定係数は，一方の変数の分散が，もう一方の変数の変化によってどれだけ説明されるかを表す。決定係数という概念は，互いに関連する変数は何かを共有するという事実に基づいている[訳注1]。関係（$r_{xy}$）が強くなるほど，共有部分が多くなり，決定係数は高くなる。

　たとえば，ある6年生のクラスの身長と体重の相関を考えよう。この値が0.85であったとする。すなわち，ピアソンの積率相関係数$r_{xy} = 0.85$である。決定係数は0.7225であり，これは身長の分散（6年生が身長においてどれほど異なるか）の72.25％が体重の分散（6年生が体重においてどれほど異なるか）によって説明できることを意味する。

　決定係数の使用については，覚えておかなければならない重要なことがいくつかある。

　第1に，単相関[訳注2]が強くなるほど，より多くの分散が説明される。たとえば，ある変数と別の変数との相関が0.4であるならば，一方の変数の分散のわずか16％（0.16）だけが，これら変数間の関係によって説明される。ある変数と別の変数との相関が0.6であるならば，分散の36％（0.36）が説明される。

　これと関連して第2に，ある変数と別の変数との共有部分が多くなるほど（そして相関が強くなるほど），決定係数は大きくなる。

　変数間に関係がなければ（このとき，$r_{xy} = 0$），2変数は何も共有しておらず，一方の変数の分散すなわち変化のうち，もう一方の変数の変化で説明できる部分はない。

もっと知るには？　質問44，45，46を参照。

---

[訳注1] 変数間で相関が生じるメカニズムはいろいろあるので，何かを共有しているという解釈が必ずしもなじまない場合もある。
[訳注2] 2変数間の直線的な相関。

# 相関係数を理解し使用する上で，
# 覚えておかなければならない重要なことは何ですか？

　統計学の学習において，相関係数を理解し使用する上でのキーとなる重要なポイントがいくつかある。

1. 相関係数は2つの変数間で共有された変動，すなわち，ばらつきの量を反映している。共有しているものが多くなるほど，相関は強くなる。一方の変数に変動がなく，評価された個体間に違いがないならば，相関はない[訳注]（比較される2変数は何も共有していない）。

2. ピアソンの積率相関係数は，小文字の $r$ で表される。相関を求める2変数は下付き文字で表す。たとえば，

   $r_{xy}$ は変数 $X$ と変数 $Y$ との相関である。
   $r_{体力・速さ}$ は体力と速さとの相関である。
   $r_{態度・行動}$ は態度と行動との相関である。

3. 相関係数には2つのタイプがある。
   - 正の相関。2変数は同じ方向に変化する。
   - 負の相関。2変数は異なった方向に変化する。

4. ピアソンの積率相関係数がとりうる値の範囲は，$-1.00$ から $+1.00$ である。

5. 相関係数の2乗である決定係数がとりうる値の範囲は，0％から100％である。

6. 相関係数の絶対値は相関の強さを反映する。よって，$-0.70$ という相関は $+0.50$ という相関よりも強い。

---

［訳注］　一方の変数の分散がゼロの場合には，質問44の相関係数の定義式において分母がゼロになってしまうため，相関係数は計算できない。

7. （−0.13や−0.87といった）マイナスの符号を持つ負の相関は，正の相関係数より「よい」わけでも「悪い」わけでもない。単に方向が反対ということである。

8. 相関は常に，1つの測定対象につき少なくとも2つの値（変数）が存在する状況を反映している。

9. 相関係数は，変数間の因果関係については何も示していない。それら変数の関連の強さだけを反映している。

10. 相関を調べる変数間の関係を視覚的に表示するには，散布図が最良の選択である。

もっと知るには？　質問40，46，47を参照。

## いくつかの相関係数を表示するために，
## 行列をどのように使うことができますか？

　単一の相関係数はいつも1つの値で表される。これは，2つ（だけ）の変数間の関係の強さの数値的な指標である。

　3つ以上の変数が相互に関係する場合には，データの情報をまとめ，さまざまな関係をずっと理解しやすくするために，相関行列が助けとなる。

　たとえば，何らかのデータがあり，データの表に続いて，計算できるさまざまな相関を反映した相関行列があるとしよう。単純なピアソンの積率相関係数はいつも，ただ2つの変数間の関係を反映していることを忘れないように。

　以下にデータを示す。それぞれの変数には名前が付けられ，とりうる値の範囲が括弧内に示されている。

| 学年（1-4） | GPA（0.0-4.0） | 学習時間（0-40） | 退屈感尺度（1-100） |
|:---:|:---:|:---:|:---:|
| 1 | 3.3 | 23 | 16 |
| 2 | 3.2 | 24 | 26 |
| 2 | 2.8 | 12 | 28 |
| 3 | 3.0 | 12 | 11 |
| 1 | 1.8 | 18 | 57 |
| 2 | 1.8 | 7 | 69 |
| 3 | 2.8 | 22 | 58 |
| 4 | 2.3 | 25 | 44 |
| 3 | 4.0 | 30 | 4 |
| 4 | 2.7 | 9 | 29 |

　そして，次が相関行列である。可能な変数のペアすべてについての相関が示されている。変数の数は4つであり，4つの変数から一度に2つを取り出してペアにするので，全部で6つのペアを作ることができる。

| | 学年<br>(1-4) | GPA<br>(0.0-4.0) | 学習時間<br>(0-40) | 退屈感尺度<br>(1-100) |
|---|---|---|---|---|
| 学年 (1-4) | 1.00 | 0.13 | 0.00 | −0.12 |
| GPA (0.0-4.0) | | 1.00 | 0.56 | −0.86 |
| 学習時間 (0-40) | | | 1.00 | −0.33 |
| 退屈感尺度 (1-100) | | | | 1.00 |

　見てわかるように，それぞれのセルは2変数間の相関を表している。たとえば，GPAと1週間あたりの学習時間との相関は0.56である。これは，学習時間が長いほどGPAが高く，GPAが高いほど学習時間が長いことを示している。

　ここでの値それぞれは，2変数間の相関だけを示している。ある変数とその変数自身との相関は常に1なので，対角線上の値は1となっている。

　相関$r_{xy}$は$r_{yx}$と書くこともできるので，1が並んでいる対角線の下にあるセルは空白になっている。学年と退屈感尺度の得点との相関は，退屈感尺度の得点と学年との相関とまったく同一である。

**もっと知るには？　質問44，46，47を参照。**

## 相関の測度には他にどのようなものがありますか？
## それらはどのように使われるのですか？

　ピアソンの積率相関係数は，相関を計算する方法の1つにすぎない。これは本質的に連続な変数，すなわち，ある連続体上での任意の値をとりうる2変数間の関係を見るときに，最も有用である。スペリングのテストで正しく書くことのできた単語の数[訳注1] が一例としてあげられる。

　変数が連続型でなく，尺度上での特定の点の値しかとらない，その他すべての場合はどうするのだろうか？　これには，性別（男性か女性，「はい」か「いいえ」，1か2）や支持政党（共和党，民主党，その他）のようなカテゴリー変数が含まれる。

　次の表は，こうした変数の組み合わせに対して用いられる相関のタイプを示したものである。この表において，カテゴリー変数は名義変数，順位づけされた変数は順序変数，連続変数は間隔変数と呼んでいる。

| 変数 $X$ | 変数 $Y$ | 相関のタイプ | 計算される相関 |
|---|---|---|---|
| 名義変数<br>（選挙での投票先：共和党，民主党，その他） | 名義変数<br>（性別：男女） | ファイ係数[訳注2] | 選挙での投票先と性別との相関 |
| 名義変数<br>（社会階級：高，中，低） | 順序変数<br>（高校卒業時の順位） | 順位双列相関係数[訳注3] | 社会階級と高校卒業時の順位との相関 |
| 名義変数<br>（家族構成：両親，片親） | 間隔変数（GPA） | 点双列相関係数 | 家族構成と GPA との相関 |
| 順序変数<br>（順位に変換された身長） | 順序変数<br>（順位に変換された体重） | スピアマンの順位相関係数 | 身長と体重の相関 |
| 間隔変数<br>（解決した問題数） | 間隔変数（年齢） | ピアソンの相関係数 | 解決した問題数と年齢との相関 |

　これらさまざまなタイプの相関係数の計算は本書の範囲を超えるが，助けとなる書籍，オンラインの情報，コンピュータのソフトウェアパッケージが数多くある。

もっと知るには？　質問41，46，48を参照。

---

［訳注1］これは整数値しかとらない離散量だが，一般にテストの得点は連続量とみなされることが多い。
［訳注2］ファイ係数は，本来，変数に含まれるカテゴリ数が2である変数同士のときに用いられる指標である。
［訳注3］rank biserial correlation の訳。定訳がないので，このように訳出した。

# 測定とその重要性についての理解

# 統計利用者にとって，
# なぜ，測定について理解することが重要なのですか？

　測定の学習への入門となる重要なアイデアについて知れば，研究で集めた，あるいは集めようとしているデータのすべてをよりよく理解するために利用できる，基本的なツールを手にすることになる。

　測定は，結果に値やラベルを割り当てることである。結果の例をいくつかあげれば，達成度テストでの正答数（たとえば，72点），ある特定の週末に売り上げた車の台数と車種（たとえば，82台のホンダ車），特定のペンキの色（たとえば，濃紺）等々である。これらの測定はすべて，研究の問い（リサーチクエスチョン）や探索している仮説の文脈において情報を与えてくれる，特定の出来事を反映している。

　初等統計学の枠組みの中で測定の学習が重要であるのには，いくつかの理由がある。

　まず，すべての統計学は，結果の測定を扱う。つまり，統計を始めるには，測定のプロセスと，その多様な使用法について理解する必要がある。

　次に，測定することは，測定しようとしているものの本質を理解することである。結果の示し方はたくさんあり（たとえば「背の高さが155cmである」または「彼は仲間より背が高い」），結果を測定する方法は，我々の問い，たとえば，「彼はどれくらい背が高いですか？」と問うか，「彼は仲間より背が高いですか？」と問うかに直接関係している。

　最後に，精密な測定をしないと，仮説を正確に検証することはできない。実際，もし我々の測定道具に欠陥があれば，検証している仮説が，観察していることの合理的な説明であるかどうかわからなくなる。結果が測定された方法に誤りがあるなら，おそらく，問いへの答えを提供することができないだけでなく，結果を全く理解することができないだろう。

　正確な測定には，真正なツールを用いることが必要である。つまり，測定すると期待されることを実際に測定し，しかも一貫しているということである。そうした道具を用いれば自ずから問いに答えることになるとは言えないが，それらを用いることは，回答にたどり着く道筋の最初の手順なのである。

　　　　　　もっと知るには？　　質問52，53，56を参照。

## 尺度水準とは何ですか？
## なぜ，それが重要なのですか？

尺度水準は，測定結果が評価される水準のことである[訳注1]。名義尺度，順序尺度，間隔尺度，そして比率尺度の4つの水準がある。それぞれの尺度は各々特徴を持っている。

名義尺度は，測定される変数がカテゴリーであるという特徴を持つ。たとえば支持政党（政党1，政党2，政党3），髪の色（赤褐色，黒，ブロンド），性別（男性，女性）といった変数は，すべてカテゴリー変数である。これは最も粗い尺度水準である。

順序尺度は，順位によって特徴づけられる。クラスにおける順位，レースの順位，最高から最低までの学業成績，これらは本質的に順序尺度である。

間隔尺度は，潜在的に等しい間隔を持つとみなせる連続体によって特徴づけられる。スペリングのテスト得点（0点から10点）といった変数は，間隔尺度の変数である。間隔尺度の重要な特徴は，変数が基づいている尺度の間隔が等しいということで，たとえば，テストの3点と4点の間の1点差と，7点と8点の間の1点差に同じ意味があるとみなせるということである。

最後に，比率尺度は，絶対的な原点である0を持つ。0は，測定されているものがない状態を表す。物理学や生物学の領域では，このような変数は一般的である（光がない，あるいは，絶対零度，あるいは，新生児の年齢など）が，行動科学や社会科学の領域ではそうではない。何らかの変数や構成概念（たとえば，知性や攻撃性など）が全く0であるということは滅多にない[訳注2]。

以下は，尺度水準について覚えておくべき最も重要な事柄である。

- 尺度水準は，どのように結果を分析するかを決めるのに役立つ。
- 尺度水準は，最も水準の低い名義尺度から，最も水準の高い比率尺度まで，順序性を持つ。
- 尺度水準が高いほど，より精密な測定ができる。

---

[訳注1] 英語では level of measurement（測定の水準）あるいは scales of measurement（測定の尺度）と呼ばれるが，日本語では尺度水準と呼ばれるのが一般的である。

[訳注2] 上記の例で，スペリングのテスト得点は，たとえ0点であっても全く能力がないとは言えないので，間隔尺度とみなせる。

- ある水準の尺度は，それよりも下位の水準の尺度が持つ特徴を併せ持つ。たとえば，身長を測定するのに，AグループとBグループとして測定できる（名義尺度）し，背の高いグループ，より背の高いグループとして測定できる（順序尺度）し，平均身長130cmのグループAと平均身長150cmのグループBとして測定できる（間隔尺度）[訳注3]。もし，あなたがグループAの身長の平均が130cmで，グループBの身長の平均が150cmだと知っているなら，すでにどちらのグループが高いか，そして互いに異なるカテゴリーであることも知っていることになる。

もっと知るには？　質問51，53，56を参照。

---

[訳注3] 実際には比率尺度だが,ここでは間隔尺度とみなしている。

## 信頼性とは何ですか？
## どうやって信頼性を定めるのか, 例をあげてください。

　信頼性とは, 測定の結果が一貫しているかという, 測定道具の品質のことであり, さまざまな種類がある。信頼性は, 妥当性（質問56参照）とともに, テストの品質に関する最も重要な2つの要素のうちの1つである。もし, テストに信頼性がなければ, 特性や特質, パフォーマンスのレベルを一貫して査定することはできない。そして, 測定道具としての価値は疑わしいものとなる。

　信頼性を理解するには, テスト得点の3つの構成要素について知らねばならない。これら3つの構成要素は, 次式で最もよく理解できるだろう。

$$観測得点　=　真の得点　+　誤差得点$$

　観測得点は, テストや測定道具から得られる得点, たとえば, 毎週行われる理科の小テストでの89点, 「今日, どれくらい幸せだと感じますか？」という質問への5段階評定のうちの4などである。これは「実際の」得点である。つまりテストが返却されたときに, テスト用紙の一番上に記されているものであり, あるいは, SATを受験した後で, コンピュータの画面に表示されるものである。

　真の得点は, 実際のパフォーマンスのレベルを反映する得点であるが, それは直接観察できない。定義から, 真の得点は, 他の影響を考慮しない場合の現実のパフォーマンスのレベルを反映している。

　誤差得点は, 観測得点と真の得点の差を説明するすべての事象を反映するものである。誤差得点は, 個人にその原因がある誤差（疲労とか, 勉強不足など）と, 状況（部屋の照明が暗い, 部屋の暖房が効きすぎているなど）にその原因がある誤差から成っているかもしれない。

　もし, テストが完全な信頼性を持つなら, 誤差得点はなく, 観測得点は真の得点と完全に一致するだろう。しかし, テストのパフォーマンスに影響する要因はたくさんあるため（そしてそれらはすべて誤差得点と言われる）, 信頼性は次の式のように考えることができる。

$$信頼性 = \frac{真の得点の分散}{真の得点の分散 \;+\; 誤差得点の分散}$$

　上記の式から分かるように，式において誤差得点の分散が小さいほど，信頼性は高くなる。そして，もし，誤差がなければ（まずそういうことはないが），誤差得点の分散は0となり，信頼性は完全，すなわち100％となる（質問55を参照）。

　多くの場合，信頼性は2つの異なるテストを実施して得られた2つの得点の相関係数を用いて計算される。

　アリゾナ大学の研究者たちは，デヴェルー幼児期アセスメント（DECA）の信頼性の評価に関心があった。彼らは，さまざまな他の外部尺度と，DECAの得点について，親と教師の評定値間の関連を見ることによって，その信頼性を評価した。彼らは十分な信頼性を確認したが，妥当性については満足できる結果を確認できなかった。それゆえ，さらなる研究が必要であると述べている。

　以下は，文献の詳細である。

Otilia, C. B., Levine-Donnerstein, D., Marx, R. W., & Yaden, D. B., Jr. (2013). Reliability and validity of the Devereux Early Childhood Assessment (DECA) as a function of parent and teacher ratings. *Journal of Psychoeducational Assessment, 31*(5), 469-481.

**もっと知るには？　質問54，55，59を参照。**

## 信頼性にはどんな種類がありますか？
## それらをいつ用いるのですか？

　4つの種類の信頼性がある。それぞれ，特定の目的を持っており，多くの場合，信頼性の数値的な指標を得るため，相関係数が用いられる。

　再検査信頼性は，ある期間にわたっての安定性や一貫性があるかを評価する。2つの異なる機会に実施されたテストが，一定のレベルの信頼性を確立していることが望ましい。

　平行検査信頼性は，テストが2つの異なる版で実施された際の，テストの安定性や一貫性を評価する。同じ測定道具について2つの形態があるとき，一定のレベルの信頼性を確立していることが望ましい。

　内的整合性は，テストが一貫して同じ次元や構成概念を査定しているかどうかを評価する。テストが1つのことを測定しており，それだけを測定しているかに関心があるとき，一定のレベルの信頼性を確立していることが望ましい。

　評定者間信頼性は，評定尺度が評定者を超えて一貫しているかを評価する。それは，2人以上の評定者がこの尺度での評定を終えたときの，評定の一致度を計算することによって評価される。

| 信頼性の種類 | 目　的 | どのように信頼性が求められるか | そのよい例 |
|---|---|---|---|
| 再検査信頼性 | 2つの異なる時点で実施されたテストの信頼性を計算するため | 時点1の得点と時点2の得点間の相関係数を計算する（$r_{時点1・時点2}$） | 成熟のアセスメントが，高校1年生の秋と春に実施される。これらの得点の相関から，成熟尺度の再検査信頼性を計算する。 |
| 平行検査信頼性 | 2つのテストの版が同時に実施された際に，このテストの信頼性を計算するため | 版1と版2の得点間の相関関係を計算する（$r_{版1・版2}$） | 運転手としてのレディネスのテストが2つの異なる版で，同じ時点で，100人の高校生を対象に実施される。テストの信頼性の保証のために平行検査信頼性係数が計算される。 |
| 内的整合性 | テストが1次元であり，ただ1つの次元だけを評価していることを立証するため | テストにおける各項目への反応とテストの総合点との相関を計算する | 愛着概念を検討するために，あるテストを開発している。内的整合性は，そのテストが愛着を測定しており，他には何も測定していないことを保証するために計算される。 |
| 評定者間信頼性 | 2人以上の評定者の信頼性を立証するため | 同じ現象を観察した異なる評定者間の一致度を評価する | ある研究者が攻撃性の尺度を開発し，その尺度の信頼性を保証したいと思った。2人の評定者が，子どもたちの攻撃的と見なされる行動に関して評定した。評定者間信頼性は，評定者の評定の一致のパーセンテージであり，どの程度それらが一致するかを見るものである。 |

もっと知るには？　質問53，55，59を参照。

## テストの信頼性を高めるには，
## どのようにすればよいですか？

　質問53で信頼性の基本的考え方について学んだが，信頼性の式は，次のようになる。

$$信頼性 = \frac{真の得点の分散}{真の得点の分散 \ + \ 誤差得点の分散}$$

　この式において，誤差得点の分散が小さくなるほど，より完璧な測定となる。
　以下の式から，誤差得点は，2つの要素からなることがわかる。特性による誤差と，方法による誤差である。

$$誤差得点 \ = \ 特性による誤差 \ + \ 方法による誤差$$

　特性による誤差は，テスト受検者間の個別的な差異によるものである。たとえば，彼らの勉強時間，準備状態，健康状態，モチベーションなどである。方法による誤差は，個人の特性によらない差異によって生じる。たとえば，テストの物理的な特質，テストの実施場所，テストの実施状況がどれくらい快適か，などである。
　信頼性を高めるための最も有効な方法は，誤差得点を減らすことである。つまり，特性による誤差と方法による誤差を，可能な限り最小化することである。実用的な見地からは，特性による誤差の分散を減らすよりも，方法による誤差の分散を減らす方が簡単である。たとえば，テスト実施の説明を明確に記述し，テスト会場の照明を適切に調整する方が，テスト受検者の不安を低減するよりも簡単である。
　以下は，特性による誤差について考えられる，いくつかの原因である。

- 健康障害
- 不十分な準備
- モチベーションの欠如
- 興味の欠如

　方法による誤差には，次のような原因が考えられる。

- 不十分な説明
- わかりにくい項目
- 構成が不十分な項目
- なじみのないテスト形式
- 相互に依存した項目（それらが独立していない）
- 妥当でない選択肢

　最後に，テストの項目を増やせば，テストの信頼性も高めることができる。なぜなら，テスト項目の数が多いほど，考えうるすべての項目からのより適切な標本となるからである。このようにして，観測得点を真の得点に近づけることができる。

もっと知るには？　質問53，54，59を参照。

質　問　**56**

# 妥当性とは何ですか？
# どうやって妥当性を定めるのか，例をあげてください。

　妥当性は，行動を測定するどんなテスト，尺度，あるいは道具にとっても最も重要な，信頼性に続く2つめの心理測定上の特質である。それは，その道具が測定しようとしているものを実際に測定できているかを示したものである。そして，もしテストや測定道具に妥当性があるならば，それによって得られた結果は意味を持つ。妥当性がなければ，結果としての得点に意味を付与することはできない。そして，結果は役に立たないものとなる。もちろん，用いた道具に妥当性がなければ，実験の価値もまた疑問視される。

　基本的に，テストの妥当性を確かめようとするとき，外的な証拠の存在が重要である。たとえば，テスト項目がテストで測定されるべきものからの標本であると判断されるなら，それはある種の妥当性の証拠である。あるいは，もし信頼性と妥当性が確認されている尺度の得点と，開発中のテストの得点が有意に関連するならば，そのテストが望ましい機能を有していることのさらなる証拠となる。しかしながら，妥当性の程度について単純に1つの数値を割り当てることはできないので，「低い」から「高い」の間でどの程度の妥当性があるかを述べる。

　たとえば，プロスポーツ施設建設のための公的基金の利用に対する意識調査において，調査機関は，可能な調査項目を検証し，調査で評価しようとしていることをそれらの項目が正しく反映しているかを判断するために，建築家，開発業者，スポーツファン，そして他の関連する聴衆，といった集団を用いるだろう。

　研究者のグループが，患者が評定した「偏頭痛治療最適化質問票」の信頼性と妥当性を調査した例をあげよう。研究者たちは，約300人の患者について，開発中のテストに答えてもらうのに加えて，偏頭痛の存在に関連すると考えられている他の尺度やテストも受けてもらった。すなわち研究参加者は，すでに妥当性が検証され，実用化されている質問紙や尺度，たとえば，日々の生活の多面的な状況で偏頭痛がQOLに及ぼす影響を測定する「頭痛影響テスト」などに答えた。この目的は，すでに確立されている偏頭痛の指標を使って，開発中の尺度の信頼性と妥当性がどの程度であるかを確認することであった。これは，新しい測定道具の妥当性を検討するための，もっとも一般的な方法である。つまり，新しいテストの結果が，すでに確立されている，妥当性が認められたテストの結果とどの程度関連するかを見るのである。

以下は，文献の詳細である。

Lipton, R. B., Kolodner, K., Bigal, M. E., Valade, D., Lainez, M. J. A., Pascual, J. . . . Parsons, B. (2009). Validity and reliability of the Migraine-Treatment Optimization Questionnaire, *Cephelalgia, 29*(7), 751-759.

もっと知るには？　質問51，57，58を参照。

## 妥当性にはどんな種類がありますか？
## またそれらはどのように用いられるのですか？

　妥当性には3つの種類があり，それらはいずれも，さまざまな種類の測定道具について，測定するべきものを測定できているかどうか，その「正しさ」を評価するために用いられる。

　内容的妥当性は，測定道具が，考えうるすべての測定対象となっている項目について満遍なくカバーしているかどうかを確かめるために用いられる。内容的妥当性は，たとえば到達度テストの評価のために用いることができる。

　基準関連妥当性は，開発中のテストが測る知識，スキル，能力が，その測定道具と関連する他の基準と相関しているかどうかを確認するために用いられる。基準関連妥当性には，2つの種類がある。併存的妥当性は，測定道具の現在の状態を評価するために用いられる（たとえば，新しく開発された空間能力を測定するテストが，ブロックパズルを解く能力とどの程度相関するか）。そして，予測的妥当性は，測定道具の将来の価値を評価するために用いられる（たとえば，新しく開発された対人関係を測るテストが，将来の内科医の入院患者の扱い方をどの程度予測するか）。

　構成概念妥当性は，測定道具が，幸福，攻撃性，希望，楽観性など潜在的な心理学的構成概念を反映しているかどうかを確認するために用いられる。構成概念妥当性は，新しく開発されたテストの得点と，研究対象となっている構成概念を理論的に反映する他の課題のパフォーマンスとの関係を見ることで求められる。

　次ページの表は，これらの異なる種類の妥当性についての要約である。それらがいつ用いられるか，どのように求められるかを整理している。

| 妥当性の種類 | いつ用いるか | どのように用いるか |
|---|---|---|
| 内容的妥当性 | 選ばれた項目が考えうる項目全体を反映しているかどうかを知りたいとき | 測定対象となる項目全体をテスト項目が反映しているかどうかを判断するために専門家に尋ねる |
| 基準関連妥当性 | テスト得点が他の基準と系統的に関連しているかを知りたいとき | テストから得られた得点と何らかの他の測度（既に妥当性が担保されており，同じ能力のセットを評価している）との相関を求める |
| 構成概念妥当性 | テストが何らかの潜在的な心理学的構成概念を測定しているかどうかを知りたいとき | テスト得点とテストが意図している構成概念を反映する何らかの理論的根拠のある結果との相関を求める |

もっと知るには？　質問56，58，59を参照。

# 妥当性を高めるには，どのようにすればよいのですか？

　テストの信頼性を高める方法は，かなり明快である。つまり，特性による誤差や方法による誤差を減らすこと，測定道具における項目数を増やすことである。テストの妥当性を高めるには，これほど明快にはいかないが，興味深いことに，測定道具の信頼性を変化させることと密接に関連している。

　テストの妥当性を高めるには，以下の方略を考えるとよい。

　まず始めに，信頼性を高めても必ずしも妥当性は高くならないが，信頼性は妥当性の重要な前提条件である。そこで，テストが信頼性を有するようにすべきである。低い信頼性係数は，妥当性係数の上限を抑制することになる。すなわち，信頼性が高いほど，妥当性を高める余地が増える。

　2つ目に，テストしていることが，テストしたいことであるかを確認することである。到達度テストの領域では，「仕様表」が用いられることがある。仕様は，2つの軸から構成される。1つはスキルを定義し，もう1つは内容を定義する。すべきことは，新しく作成された項目が，スキル（たとえば記憶）と内容（たとえば，元素周期表）を共にきちんと反映しているかを確認することである。

　3つ目に，もしテストが望むように機能していないと思われるなら，テストが測定しようとしている内容，構成概念，スキルを確かにとらえるよう，項目を見直すことである。

　4つ目に，信頼性と同様，大規模な受検者にもとづいてテストを開発することが，測定する内容や構成概念をよりよく反映する，より焦点化された，より正確な項目を作るのに役立つ。受検者が多彩であるほど，改訂によって，測定しようとしているスキル，能力，知識が，開発された項目に反映されている可能性が高くなる。

　最後に，どんなテスト，尺度，測定道具，そして，他の種類の結果の測度についても，事前テストをして，「よい」テストの品質が備わっているかを確認すべきである。これには，指示の明瞭さ，使いやすさ，さまざまな受検者にとってのアプローチのしやすさ，わかりやすさが含まれる。これらいずれの要因についても，その欠如が，信頼性を低め，妥当性を限定してしまうことにつながりうる。

**もっと知るには？**　質問56，57，59を参照。

## 信頼性と妥当性の関係は何ですか？

　もうおわかりのように，信頼性はテストの一貫性と安定性に関する品質のことである。もし，テストに信頼性があるなら，別のときに何回かテストを実施しても，受検者集団の全体的なパフォーマンスは似たようなレベルとなるだろう。さらに，ご存じのように，妥当性は，テストの正確性，真実性，確実性に関する品質のことである。もし，テストに妥当性があるならば，テストが評価しようと意図しているものを評価している。

　しかし，測定道具が期待されるように働くことを保証するために，信頼性と妥当性の考え方が重要であるのと同様に，これら両者の関係もまた重要である。

　信頼性はあるが，妥当性はないというテストは存在しうる。しかしながら，まず信頼性がなければ，妥当性のあるテストにはならない。たとえば，あるテストで何度も何度も同様の測定結果を得られている（信頼性は示されている）が，それが本来期待されているものを測定できていないことがありえる（妥当性がない）。しかし，もし，そのテストが期待されているものを測定しているなら（それが妥当性を持つなら），そのテストは一貫しているはずである（信頼性を持っている）。

　たとえば，以下は，あるテストの多肢選択形式の項目である。

1.　1776年の夏，大陸会議はどこで開催されたか。
　　a.　ワシントンDC
　　b.　フィラデルフィア
　　c.　ニューヨーク
　　d.　ボストン

　もし，このような項目を50個集めて編集し，このテストを2つの時点で実施したら，おそらく再検査信頼性は十分に高いだろう。しかし，もし，このテストを国際関係論，あるいは，心理学入門のテストと呼んだら（明らかにそうではない），それらの目的のためには妥当性を持たない。したがって結果は安定している（信頼性がある）が，妥当性はない。一方，もしこのテストがアメリカ史入門のテストとして実施されたら，内容的妥当性は確立しており，信頼性を確立する道筋も明確であろう。

　もう1つ重要なポイントは，信頼性と妥当性はどちらもテストの道具にとって不可欠な品質であり，両者をそなえてはじめて，このような道具を利用して行った仮説検

定の結果が信憑性を持つということである。もし，テストに信頼性がなければ（したがって，妥当性もなければ），あるいは，単純に妥当性がなければ，どんな仮説の検定も，仮説とその仮説を導いたリサーチクエスチョンとの整合性が公正に反映されない結果をもたらすことになる。

　最後に，やや技術的な注意事項を付け加えると，妥当性係数の上限は，信頼性係数の平方根に等しい[訳注]。たとえば，もし，機械適性のテストの信頼性係数が0.87だったとすると，妥当性係数は0.93（0.87の平方根）を超えない。このことが意味するのは，テストの妥当性は，そのテストがどれだけ信頼性を有しているかに制約を受けるということである。そしてそのことは，テストが測ろうとしているものを正しく測れていると確信を持つ前に，テストがそれを一貫して測っていなければならないということを考えてみれば，完璧に理にかなっている。

**もっと知るには？　質問51，53，56を参照。**

---

［訳注］　すでに確立されたテスト等との相関係数によって新しく開発されたテストの妥当性を評価する場合,その相関係数の値を妥当性係数と呼ぶことがある。また,質問53の信頼性の式で定義される値を信頼性係数と呼び,質問54の表にあるような相関係数等によってその値をデータから推定する。

# 統計学における仮説の役割についての理解

# 仮説とは何ですか？
# なぜ科学的研究で重要なのですか？

　仮説とは根拠のある（経験に基づく）推測である。それは科学的プロセスにおいて非常に重要であるが，一部分を占めているにすぎない。さまざまな種類の仮説があり，それらは本パートの後の質問で取り上げる。

　仮説の最も重要な役割は「男子と女子で，高校入学時における数学と語学の到達度に差があるか」というようなリサーチクエスチョンを取り上げ，それを「男子と女子で高校入学時における数学と言語的到達度に差がある」というような検証可能な宣言文の形式にすることである。

　これは些細な違いのように見えるかもしれないが，そうではない。仮説は問いを行動，あるいはそれに従って行動するためのアイデアとして表明できるようにするのである。

　仮説の重要性を理解する最もよい方法は，科学的プロセスの段階をリスト化して，それぞれが，このツールの使用にどのように関係しているかを手短に論じることである。

1. リサーチクエスチョンを立てる
2. リサーチクエスチョンに含まれる重要な要素を特定する
3. 仮説を定式化して述べる
4. 仮説に関係するデータを収集する
5. 仮説を検証する
6. 仮説を修正／考察する
7. 理論を修正／考察する
8. 新たな問いを立てる

　これらの8段階は仮説の定式化や検証を直接扱うものではないが，それぞれ仮説の本質に影響を与える。

　上記の段階3，5，6は，特に重要である。

　段階3において仮説を定式化して述べることで，研究者は，研究プロジェクトの一部として問われたもともとのリサーチクエスチョンを，検証可能な言葉で表現する。科学者は自分の研究について好奇心を持っており，結果として得られる知見の重要性

に興奮し，大きな期待を持っている。しかし，これらの知見は，解答可能な方法で問いが定式化される，体系的なプロセスの一部となっていなければならない。すなわち，個々の問いに対する解答は，全体的なリサーチクエスチョンに対する解答に（大なり小なり）何らかの貢献をしなければならない。

　段階5で仮説を検証することによって，これらの問いから，何の変数が関わっていて，研究者が結果として何を知りたいと期待しているかが明確になる。たとえば，数学と言語スキルについて，子どもたちを性別に分けて調べるのであれば，性別，数学の成績，言語成績という変数と，さらにそれらの関係性が，仮説の性質に従って特定される。

　段階6における仮説の修正／考察では，仮説の検証結果に基づいて，研究者はその仮説のもとになっている理論と仮説そのものについて考察し，再考する。プロセスの最初の時点で問われたもともとのリサーチクエスチョンに答え続けようと努めるこの循環プロセスの中で，フィードバックによって，もともとの仮説の新しい，より正確な検証がなされていくのである。

もっと知るには？　質問61，64，65を参照。

## よい仮説はどんな性質を持っていますか？

　よく練られた綿密な仮説は，研究にかけた手間暇がうまく実を結ぶか否かを大きく左右する。これは主として，よく練られた仮説は，文献の適切なレヴュー，変数間の関係についての論理的な組み立てに基づいた，熟考された研究プロジェクトを反映しているからである。

　以下に，よい仮説の性質を要約する。

　第1に，よい仮説は疑問文ではなく，平叙文として記述されている。たとえば，「州立大学の1年次学生の在籍率は，お金が尽きたために低いのだろうか？」という問いは，いくつか文献レヴューをして，「州立大学の1年次学生の在籍率は，資金不足のせいで第2学期に戻ってくるだけの余裕がないために平均より低い」とすることができる。仮説は直接的で，明確な表現となっている。

　第2に，よい仮説は変数間の関係を提案している。上の例では，学生が大学に残っているか否か（在籍）と，学生が退学した場合は大学に残らない理由が変数となる。この例では，検証されるアイデアは，大学にお金がかかりすぎるために，新入生が大学に残らないというものである。

　第3に，よい仮説は，その仮説が基づいている文献や先行研究の結果を反映している。これに関しては，図書館やオンラインでの昔ながらの検索作業が，ありえる関係をよく理解するために必要な情報を見いだし，研究全体にとってのその関係の重要性を教えてくれる。

　第4に，よい仮説は，短く要領を得たものである。仮説は文献のレヴューや仮説そのものの理論的説明ではない。むしろ，変数間の関係の簡潔で明瞭な表現であって，その主題をある程度知っている人なら誰でも，それを読めば，その研究の中心となる目的を完全に理解できるのである。

　最後に，よい仮説は検証可能である。変数が明確であり，提案された変数の関係も明確である。ここであげた例では，中心的な問いは大学への継続的な在籍と，なぜそれが起こらないかについての理由との関係である。仮説は，なぜ継続的な在籍が生じないかについて，具体的に1つの理由を見ることに絞っている。仮説をこのように述べることで，そのリサーチクエスチョンが検証可能なものとなり，結果や得られた新しい知見を，次の仮説や後に続く検証に適用できるようにするのである。

もっと知るには？　　質問60，63，64を参照。

# 標本と母集団は，
# それぞれどのように違うのですか？

推測統計学が果たしている主要な機能の1つは，標本（サンプル）を用いて仮説を検定し，その標本から得られた結果を用いて，それらが母集団にどのくらいよく適用できるのかを推測できるようにすることである。標本は，単に母集団の部分集合であるが，母集団の代わりに標本を使うという考え方の背後には，非常にしっかりとした論拠がある。

標本は母集団よりずっと小さいので，何らかの結果を評価するために資金や人，設備などの資源が少なくて済む。たとえば，10,000人の小学6年生がいる大きな都会の校区の6年生の身長に関心があったとすると，（正しく行えば）わずか100人か200人の児童を測定するだけで，全6年生の平均身長のかなり正確な推定値を得ることができる。

非常に少数の参加者に基づいた評価が正確で，母集団の値を正確に反映しているということを，どのように知ることができるのだろうか。

標本が母集団の性質にどれくらいよく近似しているかの測度は，標本誤差と呼ばれる。標本誤差は基本的に，標本の値（標本統計量と呼ばれる）と母集団の値（母数と呼ばれる）との差である。標本誤差が大きいほど，標本抽出における精度が低く，標本で見いだされたものが母集団において見いだしたかったものを実際に反映していると主張することが難しくなる。研究者の仕事は，母集団の値の最も正確な表現をできるだけ得られるよう努力して，標本誤差を最小化することである。

**もっと知るには？**　質問60，61，65を参照。

## 帰無仮説とは何ですか？
## どのように使われるのですか？

　帰無仮説（英語では null hypothesis, null は「ない」「空っぽの」という意味）は，同等であるというということを述べたものである。すなわち変数間に相違がないという考えを反映した，概念的な出発点である。なぜか？　それは，変数間の関係について何も知識がない状態では，帰無仮説が研究を始める唯一の論理的な出発点だからである。
　帰無仮説は，たとえば次のような形式をとる。

$$H_0 : \mu_1 = \mu_2$$

ここで，

　$H_0$ は帰無仮説，

　$\mu_1$ は第1群に対する母数の値，

　$\mu_2$ は第2群に対する母数の値，

である。
　上記の例は，帰無仮説は2群の平均値は等しいというものであるが，これはいろいろな形をとりうる帰無仮説の一例に過ぎないことに注意してほしい。
　たとえば，次の帰無仮説「夏のインターンシップに参加した人とそうでない人で雇用1年目の満足レベルに差がない」では，夏のインターンシッププログラムへの参加と職務満足度の間には関係がないと仮定している。お気づきのように，ここでの仮定は，インターンシップをした人としていない人は，どちらも職務満足度得点が等しいだろうというものである。
　帰無仮説が重要なツールであるのは，2つの理由による。
　第1に，他の情報がないとすると，帰無仮説が最もありえる関係であり，したがって出発点だからである。2つ以上のどんな変数間の関係についても，他に情報が与えられていないので，それらは互いに関係がないと，まずは見なすのである。すべての物事が等しいと仮定した仮説から研究を開始することによって，明確に定義された，偏りのない地点から出発するのである。

第2に，帰無仮説は，問いに関連する情報を集めるとき，最終的な比較のための基準となる。出発点（帰無仮説）がわかれば，他の知見や結果と比較する拠り所をもつことになる。このように，関連する仮説の検定で見いだされるであろうどんな差異に対しても，帰無仮説が最も合理的な説明であるかどうかがわかる。

　最後に，他の統計学の概念と同じく，帰無仮説は構成概念としての出発点であるということに留意することが重要である。学術雑誌の論文や研究報告書の中に帰無仮説がそのまま述べられることはほとんどない。しかし，帰無仮説は対立仮説を直接反映したものであり，どんなリサーチクエスチョンが問われるときにも，必ず含意されているのである。

もっと知るには？　質問60，62，64を参照。

## 対立仮説とは何ですか？
## またどのように使われるのですか？

　帰無仮説は同等性，すなわち，変数間に全く関係がないという出発点を述べたものである。それとは対照的に，対立仮説は，変数間に関係があるということを述べたものである。その関係性はさまざまな形をとりえるが，最も重要なのは，対立仮説は同等ではないということを述べたものということである。

　たとえば，対立仮説は，家を所有している人と賃貸している人の間に収入の差がある，都市部と地方の住民でリサイクルに対する態度に違いがある，対戦相手と接触するスポーツの経験年数と頭部のけがの間には相関（あるいは関係）がある，ということを仮定するかもしれない。これらすべての場合において，（文献や先行研究の結果のレヴューなどの）情報に基づいて，違いがあるという仮説が立てられる。

　対立仮説には2つのタイプがある。方向性のないものと方向性のあるものである。

　方向性のない対立仮説は群間の差や変数間の関係があることを示すが，差の方向性については示さない。たとえば，「家を所有している人と賃借人で月収に違いがある」という対立仮説は，家の所有者と賃借人のどちらが収入が多いかということについては何も言っておらず，単に差があると言っているだけである。

　このような対立仮説は，研究論文や報告書の中で，次のように表されるかもしれない。

$$H_1 : \mu_{所有} \neq \mu_{賃貸}$$

ここで，

　$H_1$ は対立仮説を表し（2つ以上の対立仮説があってもよい），

　$\neq$ は「等しくない」という意味であり，

　$\mu_{所有}$ は住宅所有者の平均収入を表し，

　$\mu_{賃貸}$ は賃借人の平均収入を表す。

　方向性のある対立仮説は群間の差や変数間の関係があることを表し，かつ，その差の方向性についても示している。たとえば，「家を所有している人の月収は賃貸して

いる人の月収よりも高い」という対立仮説は，研究者が結果として期待していることを明確に示している。

　このような対立仮説は，研究論文や報告書の中で，次のように表されるかもしれない。

$$H_1 : \mu_{所有} > \mu_{賃貸}$$

ここで，

　　$H_1$ は対立仮説を表し，

　　＞は「大なり（より大きい）」という意味であり，

　　$\mu_{所有}$ は住宅所有者の平均収入を表し，

　　$\mu_{賃貸}$ は賃借人の平均収入を表す。

　この対立仮説にある，＞，すなわち「大なり」記号は，変数間の関係を示すことのできる演算子の1つに過ぎない。たとえば，方向性のある仮説として

$$H_1 : \mu_{所有} < \mu_{賃貸}$$

のようなものもありえる。ここでは，住宅所有者の収入は賃借人の収入より小さいことが期待される。

**もっと知るには？　質問60，61，63を参照。**

# 帰無仮説と対立仮説はどのように違うのですか？

　帰無仮説と対立仮説は，いくつかの非常に重要な点で異なっている。

　第1に，帰無仮説も対立仮説も母集団について言及しているが，帰無仮説は等しいということを述べたものであるのに対して，対立仮説は等しくないということを述べたものである。

　帰無仮説は以下の例のように，母数（母集団のパラメタ）を用いて表される。

$$H_0 : \mu_1 = \mu_2$$

　これは母集団1の平均が母集団2の平均と等しいという意味である。$\mu$という文字は母集団の平均を表す。対立仮説は同様に，次のように表される。

$$H_1 : \mu_1 \neq \mu_2$$

　第2に，帰無仮説は学術雑誌の論文や研究報告書の中では述べられないのが普通であるのに対して，対立仮説は論文や報告書の最初の方で明示的に述べられる。

　第3に，対立仮説のみ明示されるのは，対立仮説が本来研究で主張したい仮説だからである。それなのに帰無仮説を立てるのは，差があるという対立仮説をそのまま検証するよりも，差がないという帰無仮説が誤っていることを示す方が簡単だからである。

　第4に，母集団全体はテストできないので（資金的にも方法の上でも，実現困難である），帰無仮説も対立仮説も，正しいか誤っているかを100%の確実性で言うことは不可能である。たとえば，あるテストの平均点についてある標本と別の標本の間に差が見られたとしても，それはある信頼度で（多くの場合，非常に高いものではあるが），その標本から得られた結果を母集団に適用できるということにすぎない。

もっと知るには？　質問60，61，62を参照。

# パート**8**
# 正規分布と確率についての理解

## 統計学の学習で，なぜ確率が重要なのですか？

　統計学の学習において学ぶことのほとんどは，正規曲線（ベル曲線）に関係している。

　この正規曲線（ベル曲線）を理解することで，ある物事が起こるもっともらしさである確率を，結果にどのように関連づけられるのかを理解することができる。たとえば，クラスの平均が93点のテストで，ある生徒が87点をとることは，どれくらいありえるだろうか。あるいは，全国展開しているある不動産会社の中西部支店での売上高が，全国のすべての支店の典型的な売上高となることは，どれくらいありえるだろうか。

　結果に確率を付与することで，こうした疑問に対して答えることができる。

　ある結果の確率が高いか低いかを決めることができれば，特定のルールに従って，その確率の大きさが受け入れられるかどうかを判断することができる。

　確率を学習し利用することで，ある結果が「真」であると述べることの信頼の程度を決定することもできる。たとえば，攻撃性の水準において男性と女性で違いが見られたとして，こうした知見が「真」であると，どれくらい確信できるだろうか。これは単に，実験のデザインが悪かったことの結果にすぎないかもしれないし，標本が母集団をあまりよく代表していなかったため，標本誤差のような要因によって偶然に生じた結果であるかもしれない。

　最後に，確率の概念は，帰無仮説と対立仮説の役割に密接に関連している。帰無仮説も対立仮説も母集団についての仮説であるが，母集団を直接に検証することはできないので，標本を用いて検証し，その知見を母集団にどれくらい適用できるか，どれくらいの信頼度で適用できるかについて，周到に考えられた推測を行うのである。確率の役割を理解することで，重要な注意書き付きではあるが，得られた知見を母集団一般に適用することができる。

もっと知るには？　質問67，69，72を参照。

# 正規曲線（ベル曲線）とは何ですか？

　正規曲線（ベル曲線）は，図67.1に示されているように，非常に特別な3つの性質を持つデータの分布を，視覚的に表現したものである。最も重要なこととして，これらの性質により，正規曲線は推測統計が機能する仕組みの多くにおける基盤となっている。

　この例では，$x$軸は（人のかしこさの程度のような）値であり，$y$軸はそれら値の度数，あるいは確率[訳注]（多くの人，少数の人，およびその間のすべて）を表している。

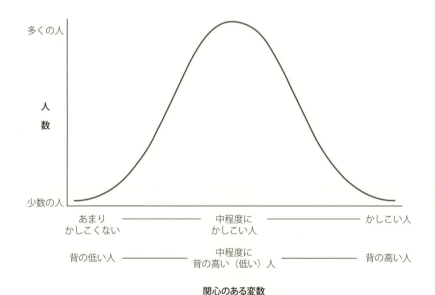

**図67.1　正規曲線**

---

[訳注]　正確には確率そのものでなく，確率密度である。連続分布の場合，サイコロを投げるような離散型のときと違って，特定の値にぴったり一致する確率は0となる。そこで，一定の範囲になる確率のみを考え，分布の縦軸の値は確率と区別して確率密度という。

第1の重要な性質は，平均値，中央値，最頻値がすべて等しいということである。データの分布において最も高くなっている中心点が，平均値，中央値，最頻値を表している。

　第2に，データ全体は，この中心点の左右で対称となっている。曲線の片側はもう片側の鏡映像であり，これらはぴったりと重なる。

　最後に，この節で議論することの多くに対して最も重要な意味を持つ性質として，曲線の裾は漸近的である。すなわち，曲線の裾が$x$軸にどんどん近づいていっても，決して$x$軸とは接しない。

　この性質が重要なのは，$x$の値がどのようなものであったとしても，$y$軸上で示された程度（たとえその値がとても小さくても）で生起する可能性が，常に存在するということである。言い換えれば，$x$の値がどれほど極端であっても，曲線のいずれかの側においてその値を見つけられるのである。ある$x$の値が生じる可能性は，後の議論においてとても重要になる。

**もっと知るには？**　質問66，68，73を参照。

# 歪みと尖りとは何ですか？
# これらの特徴によって，分布はどのように異なるのですか？

データの分布すべてが，完全に正規分布となるのではない。実際，正規型に近いデータは多いが，異なった分布になるデータも多い。

分布は歪むことがある。すなわち，分布の片方の裾がもう片方の裾よりも長くなり，対称性を欠く分布となる。図68.1はその例である。

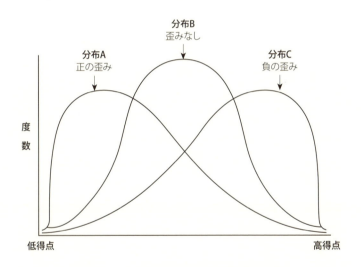

**図68.1　データの分布に見られる歪みの違い**

大きな値が小さな値よりも多いときのように，分布の左側の裾が右側よりも長いとき，分布は負に歪んでいると言う。たとえば，プロバスケットボール協会に所属する75人の選手（彼らは非常に背が高い）を含む，100人の大人の身長の分布を考えることができる。

小さな値が大きな値よりも多いときのように，分布の右側の裾が左側よりも長いとき，分布は正に歪んでいると言う。たとえば，クラスの4分の1だけが準備のための適切な教材を与えられたテストでの得点（受験者のほとんどは予想よりも悪い成績になる）の分布を考えることができる。

データの分布についてのもう1つの違いは，図68.2に見られるように，平坦さ，あるいは，尖りの程度である。

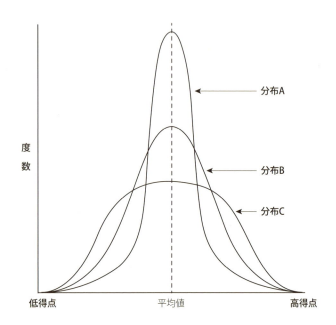

度
数

低得点　　　　　　　平均値　　　　　　高得点

**図68.2　データの分布に見られる尖りの違い**

　見てわかるように，ある分布は他の分布よりも「平坦」である。尖り具合の大きい分布（図68.2での分布A）は，データが分布の中央付近にまとまっており，極端な値は少ない。このような状況になるのは，テストでの全員の得点が平均値にとても近いときのように，データの変動が比較的小さいときである。

　尖り具合の小さい分布（図68.2での分布C）では，データの分布は正規分布に比べて平坦であり，データは全体にわたって等しく散らばる傾向にある。たとえば，全員がほぼ同じくらいよい点数（あるいは，全員がほぼ同じくらい悪い点数）で広がりがないような最終試験の得点分布は，正規分布や，大多数が平均点にとても近い点数であり，かつ裾があるような分布に比べ，尖度が小さい。

　　　　**もっと知るには？**　質問66，67，73を参照。

質問　69

## 中心極限定理とは何ですか？
## それはなぜ重要なのですか？

　質問67において，正規曲線がどのような形をしているかを見た。記述統計および推測統計を支える基本的概念の多くが，この曲線の形と性質に基礎をおいている。そのことを，これから手短に学習していく。

　しかし，分布が歪んでいるなど，データの分布が正規分布でなかったらどうだろうか？　同じ推測ルールが適用できるのだろうか？　そう，できる。中心極限定理により，ほとんどのデータの分布に対して，推測ルールを適用することができるのである。

　中心極限定理は，正規分布でないデータにおいても，その分布から標本抽出を繰り返したとき，標本平均の分布は正規分布となるということを述べている。

　たとえば，（1から5の値をとる）100個のデータがあり，度数が観測された（たとえば，1という値は25回）とする。これらのデータを図69.1に示すようにプロットする。

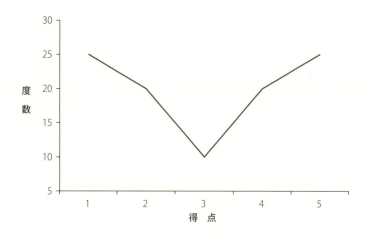

**図69.1　正規分布ではない100個のデータ**

　この100個のデータから大きさ5の無作為標本を取り出し，平均値を計算する。次に，もう一度別の無作為標本を取り出す。こうして，大きさ5の標本を何百も抽出し，それぞれについて平均値を計算して，その値を図69.2のようにプロットする。

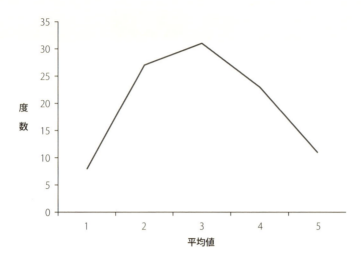

図69.2　正規分布する平均値

　見てわかるように，この新しい分布は正規曲線と類似した多くの特徴を持っている。ベル型のような形をしており，対称であり，抽出される平均値の数がたとえ無限になっても分布の裾は$x$軸に接しないことがわかっている[訳注]。

　ここで学ぶべきは，もとになる分布（ほとんどの場合，標本を抽出する母集団）の形がどのようなものであっても，標本平均の分布は正規分布に近づくということであり，これは統計的推測の方法が意味を成すために必要なことである。

もっと知るには？　質問67，72，73を参照。

---

# $z$ 得点とは何ですか？
# どのように計算するのですか？

　世の中にはさまざまな異なった研究があるので，ある特定の変数について異なった分布から得られた結果を比較したいときには，何らかの共通の基盤を持つ基準が必要となる。標準得点は，まさにこうした比較を可能にする。標準得点はすべて標準偏差を単位として表されているので，相互に比較可能なのである。

　社会科学および行動科学では，他の領域と同じく，最もよく使用される標準得点は$z$得点である。$z$得点は，$z$値，正規得点，標準化得点など，さまざまな名前で呼ばれる。$T$得点のような，他のタイプの標準得点もある。

　標準得点を計算する公式は，

$$z = \frac{X - \overline{X}}{s}$$

である。ここで，

$z$は$z$得点（すなわち，標準得点），
$X$は$z$得点に換算したい値，
$\overline{X}$は標本平均，
$s$は標準偏差，

である。

　たとえば，あるテストでの平均点が78で，標準偏差が3ならば，81という素点に対する$z$得点は

$$z = \frac{81 - 78}{3} = +1.0$$

である。

　素点が77ならば，$z$得点は，

$$z = \frac{77-78}{3} = -0.33$$

となる。

　以下に示すのは，素点とそれに対応する$z$得点である。素点の平均値は5.6，標準偏差は2.1である。

| 素　点 | $z$得点 |
|:---:|:---:|
| 5 | −0.29 |
| 7 | 0.68 |
| 6 | 0.19 |
| 4 | −0.77 |
| 5 | −0.29 |
| 6 | 0.19 |
| 1 | −2.23 |
| 8 | 1.16 |
| 6 | 0.19 |
| 8 | 1.16 |

　これから，記述統計および推測統計においてなぜ$z$得点が重要なのかを簡潔に見ていくが，とりあえず，以下のことを頭に入れておこう。

- 上に示したデータの素点6や7のように，平均値よりも大きな素点では，対応する$z$得点は正である。1や4のように平均値よりも小さな素点では，対応する$z$得点は負である。
- 正の$z$得点は常に平均値より右側（すなわち，分布の右側）にあり，負の$z$得点は常に平均値より左側（すなわち，分布の左側）にある。
- ある素点に対する$z$得点が1ということは，素点が平均値から標準偏差1つ分大きいということである。
- 異なった分布での$z$得点を比較することができる。たとえば，平均値が100で標準偏差が22である分布で計算された$z$得点が1.237であり，平均値が55.4で標準偏差が4.3である分布で計算された$z$得点が1.237であるとき，これらは同じである。いずれの得点も，平均値から1.237標準単位（すなわち，標準偏差）離れた$z$得点である。

　　　　　　　もっと知るには？　質問71，72，73を参照。

# Excelではどのように $z$ 得点を計算するのですか？

Excelを用いて$z$得点を計算する方法は簡単である。以下に述べる手順に従えばよい。この4手順を完了すると、ワークシートは図71.1のようになっているはずである。

| | A | B | C |
|---|---|---|---|
| 1 | | 素点 (X) | z得点 |
| 2 | | 89 | 0.68 |
| 3 | | 78 | -0.16 |
| 4 | | 49 | -2.37 |
| 5 | | 85 | 0.37 |
| 6 | | 93 | 0.98 |
| 7 | | 68 | -0.92 |
| 8 | | 79 | -0.08 |
| 9 | | 90 | 0.75 |
| 10 | | 82 | 0.14 |
| 11 | | 88 | 0.60 |
| 12 | 平均 | 80.1 | |
| 13 | 標準偏差 | 13.1 | |

**図71.1　Excelを使用しての$z$得点の計算**

1. 新しいワークシートで、すべての素点を1列に入力する。図71.1に示されているように、その列に「素点 (X)」とラベルを付ける。
2. 素点が並んだ列の一番下で、AVERAGE関数を用いて平均値を計算する。
3. 平均値の下のセルで、STDEV.S関数を用いて標準偏差を計算する。図71.1を見れば、手順2と3が完了した状態がわかる。
4. C2セルに、

$$= （B2 - \$B\$12） / \$B\$13$$

という式を入力する。この式をC3からC11セルまでコピーする。

C2セルに入力された式は、素点（ここでは89）から平均値（80.1）を引き、それを標準偏差（13.1）で割っている。この式をこの列の下に向かってコピーしたときに、平均値と標準偏差が相対的に変化せずに一定となるよう、ドルマーク（$）がつけられている。

**もっと知るには？　質問70, 72, 73を参照。**

## $z$ 得点と正規曲線にはどんな関係があるのですか？

　正規曲線は，すでに述べた3つの性質を持つ。すなわち，平均値，中央値，最頻値がいずれも等しく，左右対称であり，分布の裾は決して$x$軸とは接しない。

　しかし，$z$ 得点と，推測のアイデア，推測統計の使用についての議論にとって，正規曲線には他にもとても重要な性質がある。

　正規曲線は図72.1に示すように分割することができる。この図では，それぞれの領域に入る結果の割合が示されている。

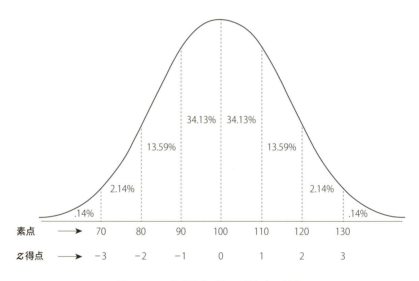

**図72.1　正規曲線とそれに関連する割合**

　たとえば，平均値と$z$ 得点の1（すなわち，標準偏差1つ分大きな値）の間には，分布全体の34.13％が存在する。ある評定の平均値が100で標準偏差が10であったとしたら，この分布における全体の34.13％は100と110の間に入る。次に示すのは，正規曲線のもとで，平均値からの距離に応じた各区間にどれだけの割合のデータが入るかを，正確な値でまとめた表である。

| 区　間 | 分布全体に占める割合 |
|---|---|
| 平均値と1標準偏差 | 34.13% |
| 1標準偏差と2標準偏差 | 13.59% |
| 2標準偏差と3標準偏差 | 2.14% |
| 3標準偏差以上 | 0.14% |

　負の$z$得点の場合も同様である。たとえば，正規曲線のもとでは，常に分布全体の34.13％が，平均値と$z$得点の$-1$（すなわち，平均値から1標準偏差だけ低い値）の間に入る。これは，正規曲線を左右半分に分けたときに，それらは対称であり，それぞれがちょうど50％の割合を占めるからである。

　このことがなぜそれほど重要なのだろうか？　これまで学習したことからほんの少し進めるだけで，得点の分布における任意の結果に対して確率を付与することができるからである。

　たとえば，平均値が100で標準偏差が10である分布において，素点で100（$z = 0$）から110（$z = +1.00$）までの結果が生じる確率は34.13％である。すなわちこの結果は，正規曲線下において，分布全体の34.13％を含む領域に入る。あるいは，平均値が100で標準偏差が10である分布において，素点で80（$z = -2.00$）から90（$z = -1.00$）までの結果が生じる確率は13.59％である。

　ここでの学習の範囲を超えるけれども，どんな特定の値に対しても，その値が得られる見込みの正確な確率を得るために，特別な表を用いることができることを注意しておく。たとえば，$z$得点が1.65だとすると，正規分布においてこれよりも下の値が得られる確率はおよそ95％であり，これよりも上の値が得られる確率は5％である。

　このようにして結果に対して確率を付与することは，われわれがこれからすぐ議論する統計的検定の多くに対する基盤として，非常に重要になる。

**もっと知るには？　質問66，67，69を参照。**

## *z* 得点は，仮説検定とどのような関係にあるのですか？

　推測統計が強力な道具である最も重要な理由は，母集団から抽出された代表的な標本を用いて，標本でのテストあるいは測定の結果から，母集団についての何らかの推測を行うことができることにある。これが大きい。

　しかし，標本から得られるどのような結果（たとえば*z* 得点）に対しても確率を付与できるという事実も，また重要である。したがって，ひとまとまりのルールに従って，その結果が，何らかの既知の事象（子どもの読解力の向上を助けるための処遇のような）による知見であると言えるのか，単に偶然，すなわち誤差であるのかを決めることができる。ここで例としてあげた*z* 得点，すなわち標準得点は，多くの異なったタイプの得点（これらはすべて結果あるいは確率と結びついている）の代表である。

　たとえば，あなたが持っている1枚のコインが偏りのない正しいコインで，表が多く出るように不正がされていないかどうかに関心があるならば，あなたは「このコインを10回投げれば，まったく偶然には，そのうち5回は表で5回は裏が出ると期待できる」という主張をすることができる。1回のコイン投げでの確率は（裏も表も）0.5である。

　しかし，10回の連続したコイン投げにおいて，7回，8回，あるいは9回が表（あるいは裏）という結果になるのは，どれほどの確率だろうか？　10回中8回が表となる確率は0.04，すなわち4％，9回が表となる確率は0.01，すなわち1％である。連続した10回のコイン投げですべてが表となる確率は非常に小さい（0.001，すなわち0.1％以下）。

　そうすると，このコインは公平でないと言うためには，10回のコイン投げの結果がどれほど極端でなければならないだろうか？　それはあなたが判断することであるが，ほとんどの場合に，0.05，すなわち5％という基準でよいだろう。すなわち，ある結果が生じる確率が5％未満であるならば，この結果はありそうもないことで，偶然によるものではなく，偶然でない何か（この場合には不正なコイン）のために違いないと言える。10回の連続したコイン投げにおいて10回とも表が出れば，あなたが持っているコインが不正なものである可能性は非常に高い。

　*z* 得点は，結果に対して確率を付与することで，その結果が体系的な何かによるのか単に偶然にすぎないのかを判断する助けになる方法として，まず最初に紹介した。次のパートでは，こうした多くの可能性について検討する。

もっと知るには？　質問66，69，72を参照。

# 有意性の概念についての理解

## どのようにして推測するのですか？
## その具体例もあげてもらえますか？

　推測とは，標本からの結果に基づいて，母集団の性質について推測する手続きである。それがうまくいくかどうかは，標本がどれほど正確に母集団を代表しているか，測定道具がどれほど信頼でき，妥当であるかといった要因に依存している。正しく行えば，推測の方法は非常に強力で効果的な道具である。

　最初に，推測の方法において用いられる手順を検討するために，ある研究プロジェクトの例を見よう。

　ルイス・ファコッロとメルヴィン・ドフルールは，さまざまなニュースの記憶再生におけるアメリカ人とスペイン人の違いを検討した。参加者は，新聞，コンピュータのスクリーン，テレビ，あるいはラジオで，3つの地方ニュースのうちの1つを提示された。結果を要約すると，ニュースが提示されたメディアによる違いの他に，文化によって再生の水準に違いが認められた。

　基本的に，推測の方法は4つの手順から構成されており，上で述べた研究では以下のようになる。

1. 研究者は，コミュニケーションを学ぶ720人の学生を，研究に参加する代表的標本として選んだ。この720人は，コミュニケーションを学んでいるスペイン人学生とアメリカ人学生の，それぞれの母集団を代表する標本を構成していると考えられた。

2. 参加者それぞれは，4つの条件（新聞，コンピュータのスクリーン，テレビ，ラジオ）のうちいずれかで，さまざまなニュースを提示された。次に，それぞれの条件においてニュースの詳細をどれほど正確に再生できるかを測定するテストが行われた。それぞれの群について平均得点が計算され，比較がなされた。

3. 得点の違いは，偶然の結果（文化あるいは提示方法の違い以外の，何らかの要因によるもの）なのか，それとも，これは「真の」結果であって，統計的に有意な群間差（条件および（または）文化の違いによる結果）なのかについて結論が得られた。

4. 文化および条件と記憶再生との関係について，結論が得られた。言い換えれば，標本データの分析の結果に基づいて，コミュニケーションを学ぶすべての学生からなる母集団についての推測が行われた。

以下は，文献の詳細である。

Facorro, L. B., & Defleur, M. L. (1993). A cross-cultural experiment on how well audiences remember news stories from newspaper, computer, television, and radio sources. *Journalism & Mass Communication Quarterly, 70*(3), 585-601.

もっと知るには？　質問75，77，78を参照。

## 有意性の概念とは何ですか？
## それはなぜ重要なのですか？

　有意性の概念を理解するのは少し大変かもしれないが，基本的には以下のようなことである。ある実験の結果が，偶然によるものというよりも，実験者が行ったことによるものである可能性が高いならば，統計的な結果は有意である。

　質問63において，帰無仮説は出発点として重要であり，変数間に関係がない，群間に差がないと仮定すると述べたことを覚えているだろう。言い換えれば，なぜ群間に差が生じるのかを説明できないならば，見いだされるどのような差も，偶然の要因によるものと仮定するのである。

　たとえば，中年男性の2つのグループが減量プログラムに参加したとしよう。グループ1は特別な運動という処遇を受ける。その間，グループ2は何の処遇も受けない統制群となる。実験の最初と最後に，体重の比較を行う。対立仮説は，特別な運動，すなわち処遇を受けた群の男性は，特別な運動プログラムに何も参加しなかった男性グループに比べ，体重の減少が大きいというものである。

　結果が出され，2群間に差があった。たとえば，運動群は2,500g，非運動群は500gの減少だったとしよう。2群の差は普通には生じそうもなく，減量プログラムのためであると言うことができるだろうか。それとも，標本誤差，すなわち参加者の選択の悪さや，他の雑多な要因など，偶然によるものだろうか。これが大きな問題である。

　ここで推測のルールを適用する。もし2群の差が1,500g以上であれば，ある信頼度（たとえば，95％の確信）で，この差は処遇によるものであって他の理由ではないということにしよう。もし差が1,500g未満であれば，統計的に有意であるというには差が十分に大きくないということにする。この例では，体重減少の差は2,000gであり，偶然と考える範囲を超えているので，結果は有意である。

　厳密には，有意水準とは，帰無仮説（2群の体重には差がない）の1回の検定において，実際には差がないのに，差があると結論する確率である。

　伝統的に，有意水準は0.01と0.05（すなわち，1％と5％）に設定される。ある統計的検定に基づいて，結果（得られた値）に対して確率を付与し，結果が「有意」である（偶然でない）か，それとも偶然であるかを決定するのである。

**もっと知るには？　質問74，76，77を参照。**

## 第1種および第2種の誤りとは何ですか？

第1種の誤りの確率（ギリシア文字 $a$ で表し，有意水準あるいはアルファとも呼ぶ）は，実際には帰無仮説が真であるとき，それを棄却する確率である。われわれの目標は，この誤りを最小限にすることである。帰無仮説は母集団に基づくものであるから，直接に検証することは決してできないので，帰無仮説の真偽を本当に知ることはできないということを覚えておこう。

たとえば，SATの言語得点に男女間で差があるということに，かなり確信を持っているとしよう。この考えを反映した帰無仮説は，2群間に差はないというものである。仮説を検証し，0.01という有意水準で，観察された差が有意であった。すなわち男女間に差がないのに，差があるとして帰無仮説を棄却する確率は1％の水準であり，この差が性別の違いとして生じたと確信できる。第1種の誤りの確率は研究者によって決められ，ふつうは0.01あるいは0.05に設定される。

実際にデータから計算された確率（有意確率という）は，しばしば，$p = 0.37$（有意確率は0.37），$p < 0.05$（有意確率は，0.05より小さい），ns（有意確率は0.05ないし設定された水準を超えている。nsは有意差なしを意味する）などと表される。

第2種の誤りの確率（$\beta$ とも呼ぶ）は，帰無仮説が実際には誤りであるとき，それを採択する確率である。たとえば，男女間に差はないという帰無仮説が本当は誤りである（本当は男女間には差がある）としよう。第2種の誤りの確率は，本当は男女間に差があるのに，男女間に差はないとする確率を表している。

次ページの表は，2つのタイプの誤りと，それらがどのように起こるかを要約している。

| | | 選択した行為 | |
|---|---|---|---|
| | | 帰無仮説を採択 | 帰無仮説を棄却 |
| 帰無仮説の真実 | 本当は帰無仮説が真 | 1：その通り！　帰無仮説が真で群間に差がないときに，それを採択した。 | 2：しまった。本当は群間に差がないのに，帰無仮説を棄却する，第1種の誤りを犯した。第1種の誤りの確率はギリシア文字$\alpha$で表される。 |
| | 本当は帰無仮説が偽 | 3：ああ。誤った帰無仮説を採択する，第2種の誤りを犯した。第2種の誤りの確率はギリシア文字$\beta$で表される。 | 4：よくやった！　2群間に本当に差があるとき，帰無仮説を棄却した。 |

もっと知るには？　質問74，75，77を参照。

## 統計的検定を研究仮説に適用するときの手順は，
## どのようになりますか？

研究仮説は，それぞれ特定のタイプの統計量と関連している。たとえば，あるテストにおける男女の平均得点の差を検定するためには，独立した平均値に対する $t$ 検定を用いるだろう。

そして，これらの検定統計量は，それぞれ特別な分布と関連づけられており，標本から得られたデータをこの分布と比較する。標本の特徴を検定の分布の特徴と比較することで，標本での特徴が偶然に期待できる範囲から外れているかどうかを結論づけることができる。

次に述べるのは，研究仮説に対して統計的検定を適用するときの，一般的な手順である。

1. 研究仮説を記述する。
2. 有意水準（第1種の誤りの確率）を設定する。これは第1種の誤りを犯す危険をどの程度引き受けるかである。この危険の程度が小さいほど（0.05よりも0.01），犯す危険は小さくなる。どのような仮説の検定であっても，危険が完全にゼロになることはない。変数間の「真の」関係は，本当には決してわからないからである。
3. 検定統計量の値，すなわち，特定の統計的検定の結果として得られる値を計算する。
4. 実際には帰無仮説が真であるときに，検定統計量がここまでの値なら取りうると期待される臨界値を決める。
5. 得られた値を臨界値と比較する。これは重要な手順である。ここでは，検定統計量として得られた値（計算した値）を，偶然でも得られると期待する値（一連の数値表に示されている臨界値）と比較する。
6. 得られた値が臨界値を超えれば，帰無仮説は採択できない。得られた値が，偶然に得られる値を超えるときに限り，帰無仮説を棄却し，結果は研究仮説を支持しているとすることができる。得られた値が臨界値を超えなければ，帰無仮説が最もよい説明となる。

もっと知るには？　質問74，75，76を参照。

# 統計的な有意性と,
## 有意味であることとの違いは何ですか?

　一般に, 統計的な有意性は ($p < 0.05$, すなわち,「$p$ は 0.05 より小さい」というように) 危険の程度として表され, これが研究という努力において何より重要とされてきた。しかし, 統計的な有意性についての議論で見落とされがちなのは, データの有意味性という重要な考察である。

　たとえば, 犯罪発生率とアイスクリームの消費量のような2変数間の相関は正となる傾向がある。アイスクリームの消費量が増加するほど, 犯罪発生率は高くなる。しかしながら, 明らかに, このうち一方がもう一方をコントロールしているのではない。そうではなくて, これらは何か共通要素 (この場合, 季節) を持っているのである。暑い夏には, 犯罪発生率もアイスクリームの消費量も増加する。このような相関関係を見いだすことも興味深いかもしれないが, 季節あるいは気温という第3の重要な変数を考えると, 犯罪発生率とアイスクリームの消費量との関係はほとんど意味がない。

　同様に, ある治療介入は大人の体重の減少にとても効果があるかもしれないが, このプログラムは大人1人あたり 4,000 ドルかかり, 100人のグループにおいて6ヶ月間の体重減少の平均は 1kg であったとしたら, これは経済的に意味があって, 介入は有意味であると考えられるだろうか?

　これら2つの例を念頭に置いて, 結果の有意味性と対比しての統計的な有意性の重要性を, 次の3つにまとめることができる。

1.　研究が妥当な概念的基盤を持ち, 結果の有意性に対してなんらかの意味をもたらすのでなければ, 統計的な有意性はそれ自体としてはあまり有意味ではない。

2.　統計的な有意性は結果の文脈と切り離して解釈することはできない。たとえば, もしあなたがある学校制度の教育長であり, 児童を1年生にとどめることで標準テストの得点が有意に 0.5 ポイント上昇するならば, あなたは喜んでそうするだろうか?

3. 統計的な有意性は概念として重要であるが，これが科学的研究の究極の目的ではない。研究が正しくデザインされていれば，有意でない結果であっても，非常に重要な何かを明らかにする。たとえば，ある特定の処遇がうまくいかないならば，そのことは人びとが知る必要のある非常に重要な情報なのである。

もっと知るには？　質問74，75，76を参照。

# Excelの分析ツールとは何ですか？
# 統計的検定を実行するときにどう使うのですか？

　Excelは本書で使っている統計アプリケーションである。そこで，簡単に結果の分析を行う方法として，Excelの非常に有用なツールである分析ツールをとりあげる。すでに述べてきたように，統計解析を実行するためにしばしばExcelの関数も利用できるということを注意しておこう。

　分析ツールはExcelのアドインであり，コンピュータにすでにインストールされているはずである[訳注1]。

　ここに示すのは，分析ツールの使い方の一般的な例である。ここでは，秋と春に測定した，運動選手の垂直跳びの高さの違いを検討する。これを行うには，対応のある平均についての$t$検定を使う。

1.　［データ］タブの［データ分析］アイコンをクリックする。［データ分析ツール］のダイアログボックスが現れる。
2.　使いたい手法をダブルクリックする。ここでは，［t検定：一対の標本による平均の検定］である。そうすると［t検定：一対の標本による平均の検定］というダイアログボックスが現れる。
3.　変数1および変数2の範囲を入力する。
4.　［ラベル］にチェックを入れる。
5.　［出力先］を指定する。これは出力されるセルである。この例の完成したダイアログボックスを図79.1に示す。
6.　［OK］をクリックすると，図79.2のように分析結果が示される。ここには（われわれの議論に最も関連のある）以下のものが含まれる。

- オリジナルのデータ
- 2つの変数についての記述統計量
- 得られた$t$統計量。ここでは$-0.33$である。
- 方向性のない両側検定での臨界値。ここでは2.26である。
- ここでの$-0.33$という値が偶然に得られる確率[訳注2]は，0.75であり，帰無仮説を棄却するのに必要な慣習的な値である0.01あるいは0.05からはほど遠い。したがって，秋から春にかけて運動選手の垂直跳びの能力は変化していないと言える。

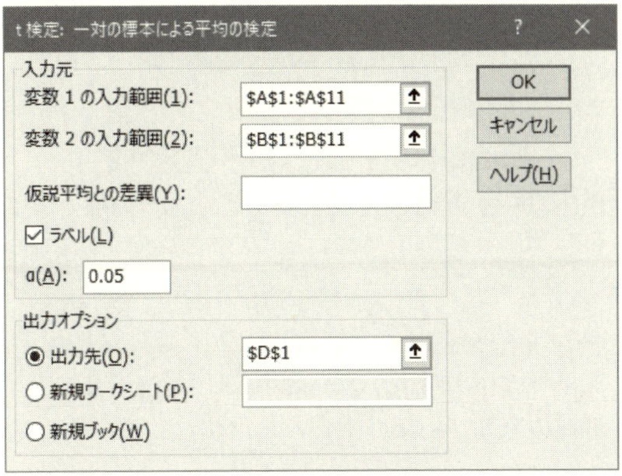

図79.1 ［t検定：一対の標本による平均の検定］ダイアログボックス

| | A | B | C | D | E | F |
|---|---|---|---|---|---|---|
| 1 | 秋 | 春 | | t-検定: 一対の標本による平均の検定ツール | | |
| 2 | 18 | 19 | | | | |
| 3 | 21 | 19 | | | 秋 | 春 |
| 4 | 18 | 15 | | 平均 | 16.40 | 16.60 |
| 5 | 13 | 16 | | 分散 | 26.27 | 24.04 |
| 6 | 11 | 9 | | 観測数 | 10 | 10 |
| 7 | 15 | 16 | | ピアソン相関 | 0.93 | |
| 8 | 21 | 22 | | 仮説平均との差異 | 0.00 | |
| 9 | 22 | 22 | | 自由度 | 9 | |
| 10 | 19 | 20 | | t | -0.33 | |
| 11 | 6 | 8 | | P(T<=t) 片側 | 0.38 | |
| 12 | | | | t 境界値 片側 | 1.83 | |
| 13 | | | | P(T<=t) 両側 | 0.75 | |
| 14 | | | | t 境界値 両側 | 2.26 | |

図79.2　分析ツールでの分析結果

もっと知るには？　質問74，77，80を参照。

---

［訳注1］インストールはされているが，実際に使用するためには，一度読み込んでアクティブにする必要がある。

［訳注2］正確には，帰無仮説が正しいときに，絶対値で0.33よりも大きな $t$ 値が得られる確率である。

# Excel の関数とは何ですか？
# 統計的検定を実行するときにどう使うのですか？

　Excel の関数は，あらかじめ組み込まれた，さまざまな操作を実行する式である。たとえば，もっとも単純な関数の1つはAVERAGE関数である。これを使うと，Excelは指定されたセル範囲の値についての平均値を返す。次の関数はセルA3，A4，A5にある値の平均値を計算する。

$$= AVERAGE\ (A3:A5)$$

　Excel の統計関数（他に多くのカテゴリがある）のほとんどは，Excel の分析ツールと共に，あるいは単独で使うことができる。統計学での計算を行うこれらの方法にはそれぞれ利点があるので，両方について知っておくことが最善である。
　Excel の関数を使用するには，以下の手順に従う。

1.　関数の結果を表示したいセルを選ぶ。
2.　関数を入力する。すなわち，等号，関数名，分析するデータのあるセル範囲，場合によっては他の重要な情報を入力する。
3.　Return（あるいはEnter）キーを押す。すると関数の値が返される。

　たとえば，2つの独立した群間の検定で得られる $t$ 値の確率（$t$ 値そのものではなく）を計算する関数がある。ここに10個の得点が2組ある。グループ1は追加の教示を受けており，グループ2は受けていない。

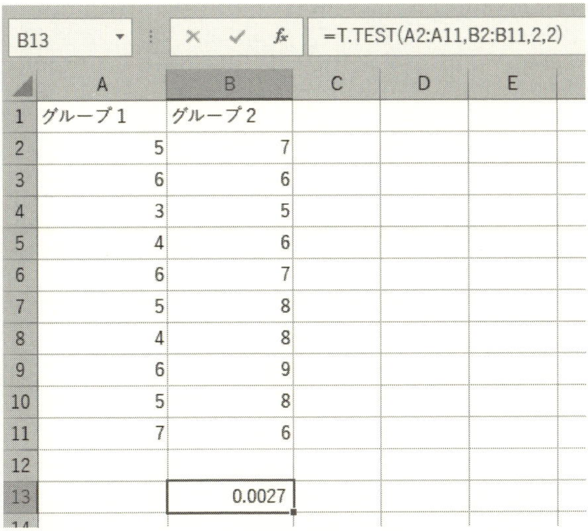

B13 =T.TEST(A2:A11,B2:B11,2,2)

| | A | B | C | D | E |
|---|---|---|---|---|---|
| 1 | グループ1 | グループ2 | | | |
| 2 | 5 | 7 | | | |
| 3 | 6 | 6 | | | |
| 4 | 3 | 5 | | | |
| 5 | 4 | 6 | | | |
| 6 | 6 | 7 | | | |
| 7 | 5 | 8 | | | |
| 8 | 4 | 8 | | | |
| 9 | 6 | 9 | | | |
| 10 | 5 | 8 | | | |
| 11 | 7 | 6 | | | |
| 12 | | | | | |
| 13 | | 0.0027 | | | |

**図80.1　2つのグループの$t$検定で得られる$t$値の確率**

図80.1では，B13セルに，

= T.TEST (A2:A11,B2:B11,2,2)

という形式でT.TEST関数が入力されている。ここで，

T.TESTは関数名である。
A2: A11は第1群の得点の範囲である。
B2: B11は第2群の得点の範囲である。
次の2は両側検定，すなわち方向性のない検定を意味する。
最後の2は2群の分散が等しいことを意味する。

見ての通り，T.TEST関数が結果として返した値は0.0027であり，これが$t$値に結びつけられた確率である。この非常に低い確率は，2群の平均値の違いは偶然によるものではなく，追加の教示によるものであろうということを示している。

**もっと知るには？　質問74，76，79を参照。**

## どの統計的検定を使うべきかを，
## どうすれば知ることができますか？

　あなたが学ぶことのできる100以上の異なった統計的検定がある。それぞれの検定は特定の問いに関連するデータを分析できる。たとえば，関係を持たない2つの群の平均得点に差があるかどうかを調べたければ，独立な平均に対する t 検定を用いることになる。あるいは，2つの変数間に有意な関係があるかどうかを調べたければ，同じく t 検定の一種であるが，2変数間の相関係数を使った検定を用いることになる。

　本書のような本1冊で，このように多様な検定のすべてについて詳細に論じることは不可能であるが，起こりえる大多数の状況において，どのようなタイプの問いに対してどのような検定が適切であるかを判断するのに役立つ，簡便な方法を示すことはできる。

　図81.1は，どんな状況下でどの検定を用いるべきかを理解するきっかけとなるフローチャートを示したものである。これを用いるには，チャートの各質問に答えながら，終わりに来るまで下に進む。このチャートを使用するにあたっての注意点を，いくつかあげておく。

1. このフローチャートは，すべての統計的検定を含んでいるわけではない。よく目にする主要なもののみである。
2. いつ，どの検定を用いるべきかについて，さらなる学習がいらないということではない。あくまで出発点にすぎない。
3. 論文や報告書で特定の統計的検定を見かけて，なぜそれが使われているのか疑問に思ったら，その答えを見つけるためにこのチャートを使うことができる。

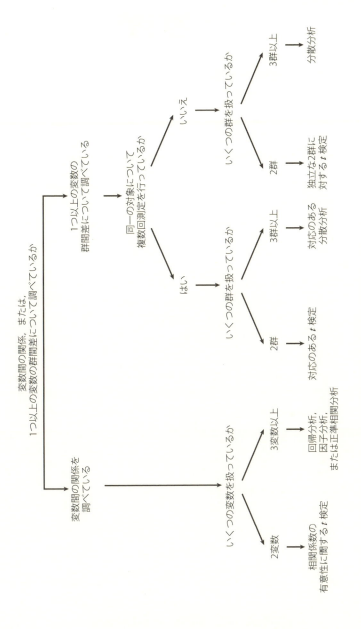

図81.1 適切な統計的検定を決めるための簡易フローチャート

もっと知るには？ 質問82, 84, 86を参照。

## 独立な2群の平均値間の *t* 検定とは何ですか？
## どのように使われるか，例をあげてください。

独立な平均値間の *t* 検定は，異なる群から得られた2つの平均値の差の有意性を検定するために用いられる。*t* 統計量は，一方の平均値から他方を引いて誤差項で割ったものである。誤差項は群内の分散，すなわち個人差の大きさから成り立っている。基本的に，群間の差が大きく，各グループ内の個人が似通っているほど，*t* 値は大きくなる。*t* 値が大きいほどより極端な値ということであり，偶然に生じる可能性が低くなる。

例をあげよう。

食事と栄養は非常に幅広く研究されている。その重要性のために，子どもの食行動は科学者にとって特に実り豊かな領域である。以下の研究の目的は，親や友人，メディアなどの要因の影響がガーナの青年期学生の食習慣を予測するかどうかを調べることで，独立な2群の平均値の *t* 検定を用いている。対象学生の約48％が女性で，52％が男性，そして，約71％が18 〜 20歳である。

科学者たちはガーナの高校生の母集団から150人の学生を選び，青年用食習慣質問紙に回答するよう求めた。その結果，友人の影響と食習慣に有意な正の関係があった。すなわち，友人からのプレッシャーが高いほど，学生の食習慣がより不健康になることが示唆された。

他にも多くの分析がなされたが，ここでの説明のために，女子学生の方が男子学生よりも不健康な食習慣をしているかどうかを見てみよう。独立な2群に対する *t* 検定が用いられた。その結果は，女性と男性の間に有意な差があった。したがって，青年期の女子が，男子と比べて不健康な食習慣を持っているという仮説は支持された。

以下は，文献の詳細である。

Amos, P. M., Intiful, F. D., & Boateng, I. (2012). Factors that were found to influence Ghanaian adolescents' eating habits. *SAGE Open* (October-December), 1-6. Doi: 10.1177/2158244012468140

もっと知るには？　質問81，83，84を参照。

# 独立な2群の平均値の差の検定を行うために，
# Excel をどのように使えますか？

　お互いに関係を持たない2群の平均値差を検定するためにExcelを使う方法は，たくさんある。2つの選択肢として，T.DIST関数 と T.TEST関数がある。しかし，もっとも直接的で簡単なのは，分析ツールを使う方法である。

　独立な2群の平均値差の検定を行うために，以下のようなデータを用いる。第1群は追加の研修のない2年間のコースに入り，第2群は追加の研修がある2年間のコースに入る。関心のある結果変数は，仕事に就いた時点での顧客満足度の評定（1 ～ 10点の得点で評定し，10点が最もよい）である。研究仮説は単純に，研修を行うこと（第2群）が研修なし（第1群）以上に得点の上昇があるというものである。

| 研修なし | 研修あり |
|:---:|:---:|
| 6 | 6 |
| 4 | 8 |
| 7 | 7 |
| 8 | 5 |
| 6 | 9 |
| 9 | 9 |
| 8 | 8 |
| 9 | 7 |
| 8 | 8 |
| 7 | 9 |

以下のような手順に従う。

1. Excelで，まず［データ］タブ，次に［データ分析］をクリックする。
2. データ分析ダイアログボックスの中で，［t検定：等分散を仮定した2標本による検定］をクリックする。
3. 図83.1に示したように，セルの範囲と他の情報を入力する。

4. ［OK］をクリックすると，図83.2のような出力が得られる。

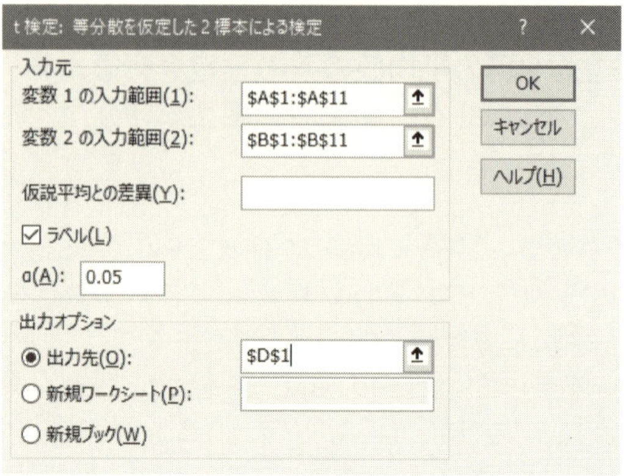

**図83.1 ［t検定：等分散を仮定した2標本による検定］のダイアログボックス**

| | A | B | C | D | E | F |
|---|---|---|---|---|---|---|
| 1 | 研修なし | 研修あり | | t-検定: 等分散を仮定した2標本による検定 | | |
| 2 | 6 | 6 | | | | |
| 3 | 4 | 8 | | | 研修なし | 研修あり |
| 4 | 7 | 7 | | 平均 | 7.2 | 7.6 |
| 5 | 8 | 5 | | 分散 | 2.4 | 1.8 |
| 6 | 6 | 9 | | 観測数 | 10 | 10 |
| 7 | 9 | 9 | | プールされた分散 | 2.11 | |
| 8 | 8 | 8 | | 仮説平均との差異 | 0.00 | |
| 9 | 9 | 7 | | 自由度 | 18 | |
| 10 | 8 | 8 | | t | -0.62 | |
| 11 | 7 | 9 | | P(T<=t) 片側 | 0.27 | |
| 12 | | | | t 境界値 片側 | 1.73 | |
| 13 | | | | P(T<=t) 両側 | 0.55 | |
| 14 | | | | t 境界値 両側 | 2.10 | |
| 15 | | | | | | |

**図83.2 ［分析ツール］を用いて独立な2群の平均値間の $t$ 検定を実行した結果**

　図からわかるように，計算された $t$ 値は $-0.62$ で，それに伴う確率，すなわち有意確率は片側（方向性のある）検定で0.27であり，有意水準0.05をはるかに超えている。この結果は，追加の研修が顧客満足度の違いをもたらすとはほとんど考えられない，ということを示している。

　　　　　もっと知るには？　質問81，82，84を参照。

## 対応のある2群の平均値間の $t$ 検定とは何ですか？
## どのように使われるか，例をあげてください。

　対応のある平均値間の $t$ 検定は，同一の群から得られた2つの平均値差の有意性を検定するために用いられる。$t$ 統計量は，一方の平均値から他方を引いて，誤差項で割ったものである。誤差項は2つの異なった状況の差についての群内の分散，すなわち個人差の大きさから成り立っている。この2つの状況には，たとえば，9月と5月の測定，2つの異なる処遇，同じテストの2つの異なるバージョンなどがありえる。同一の人が2回テストされるのが鍵である。基本的に，2回の測定間の差が大きく，その2回の測定間の差がどの人も同じような値であるほど，$t$ 値は大きくなる。$t$ 値が大きいほど平均値の差はより極端であるということであり，偶然に生じる可能性が低くなる。

　例をあげよう。効果的な読解は，学業で成功する生徒とそうでない生徒を識別するスキルの1つである。この領域の研究者は，読解の学習がどのように起こるのか，そして効果的な読みについて生徒が学習することを保証する最良の介入は何かということに，しばしば焦点を当てる。

　この研究では，都市部の幼稚園児に語彙を増やす指導をする18週間のプログラムにおいて，単語の復習をする2つのアプローチが用いられた。1つのアプローチは体系的復習をして語彙拡張の指導をするもので，もう1つのアプローチは体系的復習をしないものであった。主要なリサーチクエスチョンは，2つの処遇間で単語の習得に違いがあるかどうかである。この研究では，80人の幼稚園児が両方の条件下で指導を受けた。したがって，得点はお互いに（子どもごとに）依存しあっており，このリサーチクエスチョンにふさわしい検定は，対応のある $t$ 検定である。

　結果から，体系的な復習により対象語の学習で約2倍の増加が見られることが明らかとなった。対象語を物語に埋め込んだ復習は効果的で時間効率がよかった一方で，意味的関連の復習は時間はかかるものの，より高水準の単語学習が見られた。処遇の効果の主要な測度であるピーボディ絵画語彙検査の得点に，有意な上昇が見られた。

　以下は，文献の詳細である。

Zipoli, R. P., Jr., Coyne, M. D., & McCoach, B. D. (2011). Enhancing vocabulary intervention for kindergarten students: Strategic integration of semantically related and embedded word review. *Remedial and Special Education, 32*(2), 131-143.

もっと知るには？　質問81，82，85を参照。

## 対応のある2群の平均値の差の検定を行うために，
## Excel をどのように使えますか？

　同一の成人の群に対する，異なる2時点での平均値の差を調べている以下の例を用いる。対立仮説は，重量挙げによって骨密度が変わるというものである。この $t$ 検定は有意水準0.05の片側検定である。15人の成人女性が全員ウェイトトレーニングのプログラムに参加し，秋に最初の骨密度の測定が行われ，春に2回目の測定が行われた。2回目の検査で骨密度が増えていることが期待される。従属変数，すなわち結果変数は，1〜5点の骨密度の評定値で，5点が最も密度が高い。すべての参加者が，同一のウェイトトレーニングのプログラムと2回の骨密度測定を受けた。

　以下がデータである。

| 秋の測定 | 春の測定 |
|---|---|
| 3 | 5 |
| 2 | 3 |
| 2 | 4 |
| 3 | 4 |
| 4 | 3 |
| 3 | 2 |
| 3 | 3 |
| 2 | 2 |
| 1 | 2 |
| 2 | 3 |

以下のような手順に従う。

1.　Excelで，まず［データ］タブ，次に［データ分析］をクリックする。
2.　データ分析ダイアログボックスの中で，［t検定：一対の標本による平均の検定］をクリックする。
3.　図85.1に示したように，セルの範囲と他の情報を入力する。

4. ［OK］をクリックすると，図85.2のような出力が得られる。

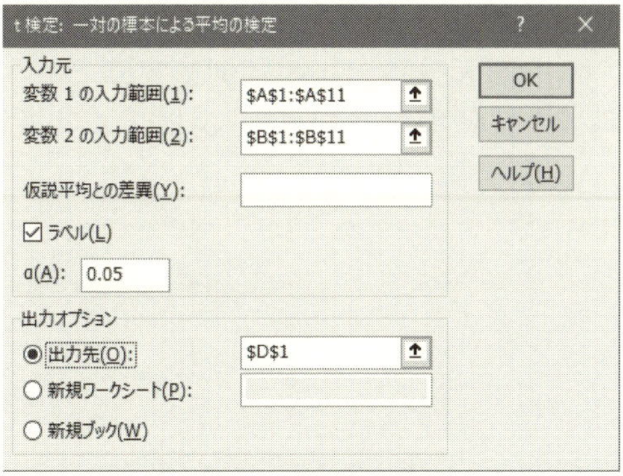

**図85.1** ［t検定：一対の標本による平均の検定］のダイアログボックス

| ⊿ | A | B | C | D | E | F |
|---|---|---|---|---|---|---|
| 1 | 秋の測定 | 春の測定 | | t-検定：一対の標本による平均の検定ツール | | |
| 2 | 3 | 5 | | | | |
| 3 | 2 | 3 | | | 秋の測定 | 春の測定 |
| 4 | 2 | 4 | | 平均 | 2.5 | 3.1 |
| 5 | 3 | 4 | | 分散 | 0.72 | 0.99 |
| 6 | 4 | 3 | | 観測数 | 10 | 10 |
| 7 | 3 | 2 | | ピアソン相関 | 0.33 | |
| 8 | 3 | 3 | | 仮説平均との差異 | 0 | |
| 9 | 2 | 2 | | 自由度 | 9 | |
| 10 | 1 | 2 | | t | -1.77 | |
| 11 | 2 | 3 | | P(T<=t) 片側 | 0.06 | |
| 12 | | | | t 境界値 片側 | 1.83 | |
| 13 | | | | P(T<=t) 両側 | 0.11 | |
| 14 | | | | t 境界値 両側 | 2.26 | |
| 15 | | | | | | |

**図85.2** ［分析ツール］を用いて対応のある平均値間の $t$ 検定を実行した結果

　図からわかるように，計算された $t$ 値は－1.77で，それに対する確率，すなわち有意確率（ $p$ 値）は片側（方向性のある）検定で0.06であり，統計的な有意性の基準に達していない。そこで，研究者はウェイトトレーニングは骨密度に対して効果があるとは言えないと結論づけた。

もっと知るには？　質問80，81，84を参照。

# 一要因分散分析とは何ですか？
# どのように使われるか，例をあげてください。

　一要因分散分析[訳註1]は，同一の，もしくは異なる群から得られる2つ以上の平均値間に有意な差があるかを検定するために用いられる。これらの差は主効果と呼ばれる。この分析は，1つの次元，もしくは要因のみ検定するので，一要因という語が使われる。得られる$F$値は比である。分子，つまり比の上に来る値は群間の差の大きさを反映している。分母，つまり比の下に来る値は，各群内のばらつきの大きさを反映する。平均値間の差が大きいか，各群内のばらつきが小さくなるほど$F$比は大きくなり，偶然得られる可能性は小さくなる。

　例をあげよう。

　教育者や親の多くは，低年齢のときの読みの学習の重要性を認識している。親と幼児の間のやりとりで最も一般的なタイプの1つに絵本の読み聞かせがあり，そこではアルファベットの本が最もよく使われる（「AはappleのA」「BはbusのB」… というようなたぐい）。

　以下の研究では，36ヶ月の子どもによる，大人とやりとりしながらのアルファベットの習得を調べた2つの研究結果を報告している。それぞれの子どもは，標準的なタイプの児童書（形式や表現について特別なものは何もない），2–D形式の本[訳註2]，物理的な操作ができる（たとえば，レバーなどがついて動かせる特別なページがついている）本の，どれかを読み聞かされた。

　一要因分散分析を使ったところ（すなわち3種類の本の条件に対する成績の平均間の差を検定して），操作可能な本よりも，ふつうの本の方がたくさんの文字を習得することがわかった。また，子どもの文字への注意を引き付けるようにデザインされた本の特徴は，成績に影響がないこともわかった。

　以下は，文献の詳細である。

Chiong, C., & DeLoache, J. S. (2013). Learning the ABCs: What kinds of picture books facilitate young children's learning? *Journal of Early Childhood Literacy, 13*(2), 225-241.

**もっと知るには？　質問81，87，88を参照。**

---

[訳注1] 一元配置分散分析とも呼ばれる。
[訳注2] 次にあげる物理的な操作ができる本をスキャンして紙にプリントしたもの。

## 一要因分散分析の計算を行うために，
## Excel をどのように使えますか？

　分散分析は2群以上の平均値差についての粗い検定を行うものである。

　射撃の正確さの訓練を受けた独立な3群の警察官の平均値差の検定を行う，以下の
データを用いる。第1群は追加の訓練を受けておらず，第2群は1セッションあたり
10時間の追加の訓練を受け，第3群は1セッションあたり20時間の追加の訓練を受け
た。従属変数すなわち結果変数は射撃の正確さで，100点満点である。仮説は3群間
で差があるというものである。分散分析すなわち $F$ 検定は粗い検定であり，対ごとの
平均値の差は見ないので，特定の群間の差を見るための分析ではない。そのため，事
後分析を行うことが適切である。

　この説明では，分析ツールの分散分析オプションを使うが，F.TEST関数やF.DIST
関数などを使っても，同じ情報のいくつかを得ることができる。

　以下がデータである。

| 訓練なし | 10時間の訓練 | 20時間の訓練 |
|:---:|:---:|:---:|
| 56 | 56 | 87 |
| 48 | 79 | 89 |
| 63 | 71 | 99 |
| 71 | 86 | 92 |
| 86 | 69 | 78 |
| 72 | 88 | 61 |
| 48 | 75 | 87 |
| 78 | 57 | 80 |
| 74 | 89 | 79 |
| 59 | 77 | 76 |

以下のような手順に従う。

1. Excelで，まず［データ］タブ，次に［データ分析］アイコンをクリックする。

2. データ分析ダイアログボックスの中で，［分散分析：一元配置］をクリックする。
3. 図87.1に示したように，セルの範囲と他の情報を入力する。
4. ［OK］をクリックすると，図87.2のような出力が得られる。

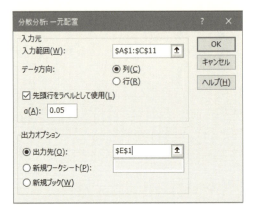

**図87.1　［分散分析：一元配置］のダイアログボックス**

| | A | B | C | D | E | F | G | H | I | J | K |
|---|---|---|---|---|---|---|---|---|---|---|---|
| 1 | 訓練無し | 10時間の訓練 | 20時間の訓練 | | 分散分析: 一元配置 | | | | | | |
| 2 | 56 | 56 | 87 | | | | | | | | |
| 3 | 48 | 79 | 89 | | 概要 | | | | | | |
| 4 | 63 | 71 | 99 | | グループ | データの個数 | 合計 | 平均 | 分散 | | |
| 5 | 71 | 86 | 92 | | 訓練無し | 10 | 655 | 65.5 | 163.61 | | |
| 6 | 86 | 69 | 78 | | 10時間の訓練 | 10 | 747 | 74.7 | 138.01 | | |
| 7 | 72 | 88 | 61 | | 20時間の訓練 | 10 | 828 | 82.8 | 109.73 | | |
| 8 | 48 | 75 | 87 | | | | | | | | |
| 9 | 78 | 57 | 80 | | | | | | | | |
| 10 | 74 | 89 | 79 | | 分散分析表 | | | | | | |
| 11 | 59 | 77 | 76 | | 変動要因 | 変動 | 自由度 | 分散 | 観測された分散比 | P-値 | F 境界値 |
| 12 | | | | | グループ間 | 1498.47 | 2 | 749.23 | 5.46 | 0.01 | 3.35 |
| 13 | | | | | グループ内 | 3702.2 | 27 | 137.12 | | | |
| 14 | | | | | | | | | | | |
| 15 | | | | | 合計 | 5200.67 | 29 | | | | |
| 16 | | | | | | | | | | | |

**図87.2　［分析ツール］を用いて3つの平均値の差に関する分散分析を実行した結果**

　図からわかるように，計算された$F$値は5.46で，それに対する確率，すなわち有意確率は0.01であり，3群の平均値が等しいという帰無仮説の棄却域に入る。つまり，3群間の平均値の差は有意である。

もっと知るには？　質問86，88，89を参照。

# 多要因分散分析とは何ですか？
## どのように使われるか，例をあげてください。

　一要因分散分析は，単一の要因について群間の差を調べるものであるが，多要因分散分析は，一度に2つ以上の要因について調べる。それぞれの要因に対して，主効果と交互作用効果が検定される。

　たとえば，一要因分散分析では小学3年生，5年生，中学1年生の間の言語スキルの平均値差を見るとすると，それに対して多要因分散分析では，同じ3つの学年間だけでなく，性別間でも言語スキルの平均値を調べることができる。3水準の学年（小学3年生，5年生，中学1年生）と2水準の性別（男性と女性）から3×2デザインが構成される。要因の数とそれらの要因の中に含まれる水準の数に制限はないが，リサーチクエスチョンの範囲と，より規模の大きな研究を行うために利用可能な資源によって決まるだろう。分散分析は，2群以上の平均の差について，粗い検定を行う。

　大学生の弦楽器奏者の演奏に関する特定の練習方略の効果について調べた研究を，例として取り上げよう。それぞれのオーケストラメンバーが，4つの処遇群のうち1つに割り当てられた。4つの群は，自由練習，ゆっくり演奏してだんだん速度を上げる，短いセクションを反復する，一定部分の抜粋を何度も演奏するというものである。これが要因1である。要因2は，各参加者が，事前テストと事後テストの両方を受けた時点である。したがって，これは4水準の要因1と2水準の要因2からなる，2要因デザインである。

　音程，リズム，表現，全体的な得点については，練習方略による差はなかった。しかし，テスト条件による有意な主効果があり，事後テストの方が高かった。

　最後に，テスト時点と練習方略の間に交互作用はなかった。

　以下は，文献の詳細である。

Sikes, P. L. (2013). The effects of specific practice strategy use on university string players' performance. *Journal of Research in Music Education, 61*(3), 318-333.

**もっと知るには？**　質問86，87，89を参照。

## 多要因分散分析の計算を行うために，
## Excel をどのように使えますか？

　以下の例を用いて，性別（成人の男性と女性が以下のデータの行ごとに示されている）と，プログラムのタイプ（プログラム1，プログラム2，プログラム3がデータの列ごとに示されている）という2つの要因に対して，平均値に差があるかを調べる。従属変数すなわち結果変数は，1点から10点の言語スキルテストの得点で，10点がとりえる最高点である。2つの研究仮説があり，Excelで検定できる。1つは，男性と女性の間に差があるというもので，もう1つは，参加者が受けたプログラムのタイプの違いによって言語スキルに差があるというものである。どちらの差も，有意水準0.05で検定を行う。

　以下がデータである。

| | プログラム1 | プログラム2 | プログラム3 |
|---|---|---|---|
| 男性 | 6 | 5 | 8 |
| | 5 | 6 | 7 |
| | 6 | 5 | 6 |
| | 5 | 4 | 6 |
| | 4 | 3 | 5 |
| | 5 | 4 | 6 |
| | 6 | 5 | 7 |
| 女性 | 7 | 8 | 7 |
| | 5 | 7 | 10 |
| | 6 | 6 | 8 |
| | 7 | 7 | 6 |
| | 6 | 7 | 7 |
| | 4 | 9 | 6 |

以下のような手順に従う。

1. Excelで，まず［データ］タブ，次に［データ分析］アイコンをクリックする。
2. データ分析ダイアログボックスの中で，［分散分析：繰り返しのない二元配置］をクリックする。

3. 図89.1に示したように，セルの範囲と他の情報を入力する。
4. ［OK］をクリックすると，図89.2のような出力が得られる。

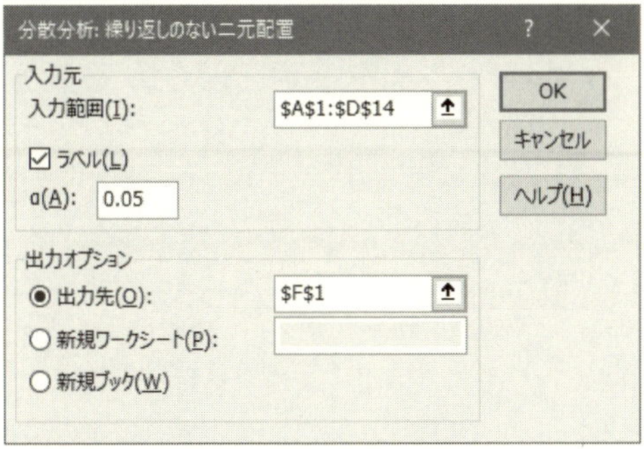

図89.1　［分散分析：繰り返しのない二元配置］のダイアログボックス

| ▲ | A | B | C | D | E | F | G | H | I | J | K | L |
|---|---|---|---|---|---|---|---|---|---|---|---|---|
| 1 | | プログラム1 | プログラム2 | プログラム3 | | 分散分析表 | | | | | | |
| 2 | 男性 | 6 | 5 | 8 | | 変動要因 | 変動 | 自由度 | 分散 | 観測された分散比 | P-値 | F 境界値 |
| 3 | | 5 | 6 | 7 | | 行 | 33.44 | 12 | 2.79 | 2.02 | 0.07 | 2.18 |
| 4 | | 6 | 5 | 6 | | 列 | 12.15 | 2 | 6.08 | 4.40 | 0.02 | 3.40 |
| 5 | | 5 | 4 | 6 | | 誤差 | 33.18 | 24 | 1.38 | | | |
| 6 | | 4 | 3 | 5 | | | | | | | | |
| 7 | | 5 | 4 | 6 | | 合計 | 78.77 | 38 | | | | |
| 8 | | 6 | 5 | 7 | | | | | | | | |
| 9 | 女性 | 7 | 8 | 7 | | | | | | | | |
| 10 | | 5 | 7 | 10 | | | | | | | | |
| 11 | | 6 | 6 | 8 | | | | | | | | |
| 12 | | 7 | 7 | 6 | | | | | | | | |
| 13 | | 6 | 7 | 7 | | | | | | | | |
| 14 | | 4 | 9 | 6 | | | | | | | | |
| 15 | | | | | | | | | | | | |

図89.2　［分析ツール］を用いて繰り返しのない二元配置分散分析を実行した結果

　図からわかるように，2つの$F$値が計算される。1つ目（$F = 2.02$）は行方向，つまり性別に対するものである。2.02という値は5％水準では有意ではなく，男性と女性では言語スキルに差がないことを示している。2つ目（$F = 4.40$）は列方向，つまりプログラムのタイプに対するものである。この値は5％水準で有意であり，3つのプログラムの間全体で差があることを示している。Excelの分析ツールでは交互作用の検定は行われない。

もっと知るには？　質問86，88，91を参照。

## どのようにして，有意性の検定のために
## ノンパラメトリック検定を使うのですか？

　本書のここまでの何節かの質問のほとんどは，パラメトリック検定，あるいは比較的大きな標本に基づいた検定を扱ってきた。しかし多くの状況で，ノンパラメトリック検定が必要となる。ノンパラメトリック検定は，標本の大きさが十分でなかったり，ノンパラメトリック法のみが役に立つような性質を持つ母集団に関する検定である。

　いくつかの重要なノンパラメトリック検定について，検定の名前，いつ使うか，リサーチクエスチョンの例をまとめたのが，次ページの表である。

| 検定の名前 | いつ使うか | リサーチクエスチョンの例 |
|---|---|---|
| 変化の有意性に関するマクネマー検定 | 「事前と事後」の変化を調べる | ある特定の論点に関して態度が未定の人に電話をかけることが，その人の投票にどれくらい効果的に影響するか。 |
| フィッシャーの正確検定 | 2×2クロス表で正確な確率を計算する | 男性と女性で，保守党・革新党の支持者の割合に相違があるか。 |
| カイ2乗（適合度）検定 | 複数のカテゴリーにわたって生起する回数がランダムかどうかを判断する | 最近の特売の期間で，フルーティーズとワミーズとジッピーズの各ブランドは同じ数だけ売れたか。 |
| コルモゴロフ－スミルノフ検定 | ある標本から得られた得点が，ある特定の母集団からのものかどうかを知る | ある児童の標本の判断は，その児童が通う小学校の全児童の判断をどれくらい代表しているか。 |
| 符号検定またはメディアン検定 | 2つの標本から求められる中央値を比較する | 候補者Aに投票した人の収入の中央値は候補者Bに投票した人の収入の中央値よりも大きいか。 |
| マン－ホイットニーのU検定 | 独立な2つの標本を比較する | あるテストの正答数で測定される学習の転移はA群よりもB群の方がより速く起こるか。 |
| ウィルコクソンの符号順位検定 | 2群間で大きさと差の方向性を比較する | 子どもの言語スキルの発達に対して，就学前教育はその経験がないよりも2倍の効果があるか。 |
| クラスカル－ウォリスの一元配置分散分析 | 2群以上の独立な標本間で全体的な差を比較する | 4支社間で管理者のランキングがどのように異なるか。 |
| フリードマンの二元配置分散分析 | 2つ以上の要因について2群以上の独立な標本間で全体的な差を比較する | 管理者のランキングが支社と性別の違いによってどのように異なるか。 |
| スピアマンの順位相関係数 | 順位間の相関を計算する | 高校の最終学年におけるクラス順位と大学初年時におけるクラス順位の相関はどれくらいか。 |

もっと知るには？　質問81，86，91を参照。

## 効果量とは何ですか？　なぜ重要なのですか？

　統計的な有意性と分析結果の有意味性の間には重要な違いがあることはすでに説明した（質問78）。しかし，もう1つ，統計的結果の価値を判断する非常に有用な方法がある。それは，効果量を使うことである。

　効果量は，統計的結果の大きさの測度（必ずしも絶対的な大きさではない）である。言い換えれば，2群間の平均値には本当に差があるかもしれないが，効果量は非常に小さく，その結果，その違いは相対的に意味がないかもしれない。その一方で，2群間の平均値の絶対的な差は小さいが効果量は非常に大きく，リサーチクエスチョンによっては，その差に大きな意味と価値があることを示すこともありえる。

　効果量は標本の大きさを考慮しないので，たとえば群間の差の重要性などについて決定を下すためのもう1つのツールともなる。

　効果量は簡単に計算できる。式は以下のとおりである。

$$ES = \frac{\overline{X}_1 - \overline{X}_2}{SD}$$

ここで，

　　$ES$ ＝効果量
　　$\overline{X}_1$ ＝1番目のグループの平均
　　$\overline{X}_2$ ＝2番目のグループの平均
　　$SD$ ＝一方のグループの標準偏差[訳注]

　たとえば，仮に，自尊心のテストを受けた青年のグループについての次ページの表のような情報があり，効果量を計算したいとする。

---

[訳注]　各群における標準偏差をプール（平均）する場合もある。

| グループ | 平　均 | 標準偏差 |
|---|---|---|
| 年齢低群 | 27.5 | 4.65 |
| 年齢高群 | 31.2 | 3.98 |

　これらの数値を上記の式に当てはめると，以下のようになる。

$$ES = \frac{31.2 - 27.5}{4.65} = 0.79$$

　効果量の解釈はかなり単純である。群間の差がゼロなら，効果量も同様にゼロであり，得点分布の差異がほとんどない，つまり得点は非常に似ているということである。効果量が1であれば，その得点のまとまりは約62％重なり合うが，38％の効果が差異を表している。ES が大きくなるにつれて，得点の共通部分は小さくなり，互いに大きく異なってくる。効果量が大きくなるほど分布の違いが大きくなり，その差の有意味性も大きくなる。

　多くの研究者が効果量を報告するわけではないが，非常に有益なツールであり，差が統計的に有意かどうかにかかわらず，さらに違いを探る上で有効である。

**もっと知るには？　質問78，82，84を参照。**

# パート11
## 変数間の関係を見る

# 相関係数を使って，関係の有意性をどのように検定しますか？
# また，相関係数の用い方の例をあげてください。

　変数間の関連については，$t$検定を用いて有意性の検定がなされる。統計量に関するどんな有意性の検定もそうであるように，得られた値を臨界値と比較することで，統計的に有意な関連があるかどうかが決定される。図45.3を見れば，2変数の間に関連があるかどうかをどのように確かめることができるか，わかるだろう。

　自閉症は，今では自閉症スペクトラムというより広い定義の一部であるが，成人にも子どもたちにも多く見られる障がいである。ここで例として取り上げる研究で，研究者たちは，自閉症における多感覚機能障がい（聴覚，視覚，触覚，および口唇感覚の機能不全）と，自閉症の深刻度との関連を検討している。これはまさに相関分析を使用するのに最適の状況である。

　自閉症の診断が下された104名の対象者（3～56歳）について，感覚プロフィールが作成された。結果を分析したところ，プロフィールに含まれる異なる要素間に有意な相関が示された。異なる年齢集団について分析した結果，感覚障がいと自閉症の深刻度は，子どもにおいては相関したが，青年，成人では相関しなかった。対象者においてすべての主な感覚モダリティと多感覚処理が影響を受けていることから，自閉症における感覚処理の機能不全は本質的に普遍的であると，研究者たちは指摘している。

　以下が引用した文献である。

Kern, J. K., Trivedi, M. H., Grannemann, B. D., Garver, C. R., Johnson, D. G., Andrews, A. A. ... Schroeder, J. L. (2007). Sensory correlations in autism. *Autism, 11*(2), 123-134.

もっと知るには？　質問40，46，47を参照。

## 相関係数の有意性を検定するために，
## Excel をどのように使ったらよいですか？

　以下の例を用いて，1週間あたりのソーシャルメディアの使用時間と，1から10の尺度で10が最高である場合の，自己評定による職に対する満足度とが，有意に関連しているかどうかを検討しよう。

　対立仮説は，2変数は正の相関があるというものであり，1％水準の片側検定を用いることとする。本研究に参加した成人は，それぞれ，職に対する満足度の自己評定とともに，Twitter や Facebook などの活動に1週間あたりどの程度の時間数を費やしているか記録した。

　以下がデータである。

| ソーシャルメディアに費やす時間 | 職の成功 |
|:---:|:---:|
| 22 | 5 |
| 23 | 6 |
| 15 | 5 |
| 7 | 3 |
| 21 | 9 |
| 14 | 5 |
| 15 | 6 |
| 22 | 7 |
| 20 | 8 |
| 19 | 9 |

以下の手順に従う。

1. Excel で，［データ］タブをクリックし，［データ分析］アイコンをクリックする。
2. データ分析ダイアログボックスで，［相関］オプションをクリックする。
3. 図93.1の通り，［入力範囲］とその他の情報を入れる。

4. ［OK］をクリックすると，図93.2のように出力を見ることができる。

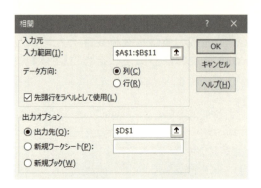

図93.1 ［相関］ダイアログボックス

| | A | B | C | D | E | F |
|---|---|---|---|---|---|---|
| 1 | ソーシャルメディアに費やす時間 | 職の成功 | | | ソーシャルメディアに費やす時間 | 職の成功 |
| 2 | 22 | 5 | | ソーシャルメディアに費やす時間 | 1 | |
| 3 | 23 | 6 | | 職の成功 | 0.65 | 1 |
| 4 | 15 | 5 | | | | |
| 5 | 7 | 3 | | | | |
| 6 | 21 | 9 | | | | |
| 7 | 14 | 5 | | | | |
| 8 | 15 | 6 | | | | |
| 9 | 22 | 7 | | | | |
| 10 | 20 | 8 | | | | |
| 11 | 19 | 9 | | | | |
| 12 | | | | | | |

図93.2 相関係数を求めるために［分析ツール］を用いた結果

　以上からわかるように，算出された相関係数の値は0.65である。Excelは，相関係数のための$p$値や有意水準は出力しないし，CORREL関数も同様である。2変数の相関が有意かどうか決定するためには，データ数を所与として，この検定統計量のための数表を調べる必要がある。結論から言えば，5％水準では，帰無仮説棄却のための臨界値は0.54である。ここでの相関係数の値は0.65であり，臨界値を超えるので，両変数には関連があるという結論になる。

もっと知るには？　質問46，47，92を参照。

## 単回帰分析とは何ですか？
## その用い方の例をあげてください。

　回帰分析は，ある1つの変数が別の1つの変数を，あるいは質問99で取り上げる重回帰の場合は2つ以上の変数がある特定の変数を，いかにうまく予測するかを調べる強力な手法である。相関の場合と同様に関係性が検討されるが，目的は単に変数間に関係があることを理解するだけではなく，一方の変数から他方の変数を効果的に予測することにある。

　肥満症は世界中で問題になっているが，その重要性にもかかわらず，食べすぎや運動不足という非常に単純な説明の他に，この病気の根本的な原因についてはほとんどわかっていない。以下の研究で研究者たちは，1,491名の男性と1,672名の女性について，栄養摂取，健康行動，栄養の知識がBMI（Body Mass Index：体重と身長の関係から算出される肥満度を表す指数）の全体的な分布に与えるさまざまな効果について評価した。

　研究者たちは，ある種の要因（エネルギー，オレイン酸，コレステロールなど）が肥満の増加を予測する一方，逆の効果を及ぼす要因（食物繊維，カルシウム，ナトリウム値など）もあることを見いだした。彼らは結論として，高BMIあるいは低BMIは健康のリスク要因であり，BMIは健康の結果の有用な予測子であると述べている。

　以下が引用した文献である。

Chen, S.-N., & Tseng, J. (2010). Body mass index, nutrient intakes, health behaviours and nutrition knowledge: A quantile regression application in Taiwan. *Health Education Journal,69*(4), 409-426.

**もっと知るには？**　質問46，92，95を参照。

## 単回帰式を算出するのに，
## Excel をどのように用いたらよいですか？

　以下の例で，大学のフットボールの昨シーズンの勝利数が，次期シーズンのフットボール勝利数を予測するかどうかを検討しよう。対立仮説は，昨シーズンの勝利数が次期シーズンのそれを予測するというものであり，片側検定，すなわち片側仮説を5%水準で検定する。

　以下のデータは，10チームの昨シーズンの勝利数（変数 $X$）と，今シーズンの勝利数（変数 $Y$）から成る。次期シーズンの勝利数（$Y'$ すなわち $Y$ プライム）を予測する回帰式を導くのに2変数の相関を使うことができるが，ここでは，予測に関するこの仮説の検定のみを扱うことにする。

　以下がデータである。

| 学　校 | 昨シーズンの勝利数 | 今シーズンの勝利数 |
|:---:|:---:|:---:|
| 1 | 7 | 8 |
| 2 | 6 | 7 |
| 3 | 8 | 9 |
| 4 | 11 | 10 |
| 5 | 12 | 9 |
| 6 | 8 | 7 |
| 7 | 7 | 12 |
| 8 | 3 | 3 |
| 9 | 6 | 5 |
| 10 | 5 | 6 |

　以下の手順に従う。

1. Excelで，［データ］タブ，次に［データ分析］アイコンをクリックする。
2. データ分析ダイアログボックスで，［回帰分析］オプションをクリックする。
3. 図95.1のように，［入力範囲］とその他の情報を入れる。

4. ［OK］をクリックすると，図95.2のような出力が得られる。

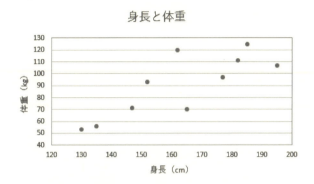

身長と体重

図95.1　［回帰］オプションダイアログボックス

| | A | B | C | D | E | F | G | H | I |
|---|---|---|---|---|---|---|---|---|---|
| 1 | 昨シーズンの勝利数 | 今シーズンの勝利数 | | 概要 | | | | | |
| 2 | 7 | 8 | | | | | | | |
| 3 | 6 | 7 | | | 回帰統計 | | | | |
| 4 | 8 | 9 | | 重相関 R | 0.68 | | | | |
| 5 | 11 | 10 | | 重決定 R2 | 0.46 | | | | |
| 6 | 12 | 9 | | 補正 R2 | 0.39 | | | | |
| 7 | 8 | 7 | | 標準誤差 | 2.02 | | | | |
| 8 | 7 | 12 | | 観測数 | 10 | | | | |
| 9 | 3 | 3 | | | | | | | |
| 10 | 6 | 5 | | 分散分析表 | | | | | |
| 11 | 5 | 6 | | | 自由度 | 変動 | 分散 | 観測された分散比 | 有意 F |
| 12 | | | | 回帰 | 1 | 27.78 | 27.78 | 6.81 | 0.03 |
| 13 | | | | 残差 | 8 | 32.62 | 4.08 | | |
| 14 | | | | 合計 | 9 | 60.40 | | | |
| 15 | | | | | | | | | |

図95.2　回帰を算出するために［分析ツール］を使用した結果

　算出されたF値は，XからYを予測する力を検定するもので，6.81であり，5％水準で有意である。これは，昨シーズンの勝利数は，今シーズンの（つまり未来の）勝利数の有意な予測子であるということを意味する。重相関Rの値も0.68であることがわかるであろう。この値は，この場合2変数のみの相関なので，単相関と同じ値である。他の分析では，もっと多くの関連する変数を用いて，ある特定の結果変数を予測することもある。

もっと知るには？　質問40，93，94を参照。

## 多変量分散分析 (MANOVA) とは何ですか？
## それはどのように用いられるのですか？

　分散分析（ANOVA）には異なる方法がたくさんあると知っても，驚くことではない。いずれの方法も，「2つ以上の群の平均値を比較する」という状況に当てはまるようにデザインされている。これらの方法の1つである多変量分散分析（MANOVA）は，従属変数が複数ある場合に用いられる。つまり，1つの結果変数だけを見るのではなく，2つ以上の結果変数，すなわち従属変数について検討される。MANOVAがすることは，結果変数間の関係を統制して，もし効果があるとしたら，処遇がどの結果変数にどんな影響を与えるかが明確になるようにすることである。

　たとえば，インディアナ大学のジョナサン・プラッカーは，才能ある若者たちが学校におけるプレッシャーをどのように処理するかについて，性別，人種，学年による違いを調べた。彼が用いたMANOVAによる分析は，2（性別；男性と女性の2水準）×4（人種；コーカソイド，アフリカ系アメリカ人，アジア系アメリカ人，ヒスパニック）×5（学年；中学2年生〜高校3年生）であった。

　多変量分散分析の結果変数は，「青年用コーピング尺度」の5つの下位尺度であった。

　多変量分散分析を用いることで，独立変数（性別，人種，学年）の効果を5つの下位尺度それぞれについて，互いに独立に推定することができた。

　以下は，文献の詳細である。

Plucker, J. A. (1998). Gender, race, and grade differences in gifted adolescents' coping strategies. *Journal for the Education of the Gifted, 21*(4), 423–436.

**もっと知るには？**　質問86，87，97を参照。

## 共分散分析（ANCOVA）とは何ですか？
## それはどのように用いられるのですか？

共分散分析（ANCOVA）が特に興味深いのは，基本的に群間にもともと存在してい
る差異を等しくすることができるところにある。たとえば，あなたが走力アップのプ
ログラムのスポンサーになるとして，2つのアスリート集団の100ヤード走のタイム
を比較したいとする。体力はしばしば速さに関連するので，当初の体力の違いがプロ
グラム終了時の差異を説明しないように，何らかの修正を行わなければならない。あ
なたは，体力を統制した上で，トレーニングの効果を見たいのである。そこで，プロ
グラムの訓練を始める前に参加者の体力を測定しておき，共分散分析を用いて，当初
の体力に基づいて，最終的なスピードを調整することができる。

マギル大学のミカエラ・ハイニー，ジョン・ライドン，そしてアリ・タラダッシュ
は，婚前交渉と避妊薬の使用への受容性に対する親密さとコミットメントの影響につ
いての調査で，共分散分析を用いた。彼らは，社会的受容性を従属変数とし（グルー
プ間の差異を見いだそうとした），特定のシナリオについての評定値を共変量として，
共分散分析を適用した。共分散分析は，共変量である評定値を用いて，社会的受容性
における差異を修正してくれる。

以下は，文献の詳細である。

Hynie, M., Lydon, J., & Taradash, A. (1997). Commitment, intimacy, and women's perceptions of
premarital sex and contraceptive readiness. *Psychology of Women Quarterly, 21,* 447-464.

**もっと知るには？　質問86，88，98を参照。**

## 繰り返しのある分散分析とは何ですか？
## それはどのように用いられるのですか？

　ここでは，別の種類の分散分析を紹介する。繰り返しのある分散分析は，2つ以上の群の平均値差の検定を行う点では他のいずれの分散分析ともよく似ているが，繰り返しのある分散分析では，1つの要因について，参加者は2回以上測定される。「繰り返しのある」と呼ばれるのは，同じ要因について，2時点以上の測定を繰り返すからである。たとえば，もしあなたが同じ参加者群の体重を，1年にわたり毎週測定し，週ごとの差異を見たいとすると，繰り返しのある分散分析が適切な分析ツールといえるだろう。

　例をあげると，B・ランディと同僚たちは，中学・高校時代の同性と異性の親友との交友関係について検討した。彼らの主要な分析の1つは，3要因の分散分析であった。性別（男性，女性），友人関係（同性，異性），そして，学年（中学，高校）である。繰り返しのある要因は，学年であった。なぜなら，同じ参加者について繰り返し測定されたからである。

　以下は，文献の詳細である。

Lundy, B., Field, T., McBride, C., Field, T., & Largie, S. (1998). Same-sex and opposite-sex best friend interactions among high school juniors and seniors. *Adolescence, 33*(130), 279–289.

もっと知るには？　質問86，88，96を参照。

# 重回帰分析とは何ですか？
## それはどのように用いられるのですか？

　質問94では，1つの変数の値が別の変数の値をどの程度予測できるかについて学んだ。しばしば，社会科学や行動科学の研究者たちは，複数の変数がどの程度別の変数を予測できるかを見る。この技法は，重回帰分析と呼ばれる。

　たとえば，リテラシーに関する両親の行動（たとえば，家にある本の数）が，彼らの子どもの読書量と本の読解力に関連していることはよく知られている。そこで，両親の年齢，教育レベル，リテラシー活動，子どもへの読み聞かせといった変数が，幼少期の言語スキルと本への興味にどう貢献するかを調べるのは大変興味深いと思われる。ポウラ・リーティネン，マルヤ=レーナ・ラークソ，アンナ=マイヤ・ポイケウスは，まさにこれを実行した。つまり，両親の背景情報の変数が子どものリテラシーに寄与するかを確かめるために，重回帰分析を用いた。彼らは，母親のリテラシー行動と母親の教育レベルが，子どもの言語スキルに有意に貢献することを明らかにした。一方で，母親の年齢と読み聞かせは影響がなかった。

　以下は，文献の詳細である。

Lyytinen, P., Laakso, M. -L., & Poikkeus, A. -M. (1998). Parental contributions to child's early language and interest in books. *European Journal of Psychology of Education, 13*(3), 297–308.

**もっと知るには？　質問40，94，95を参照。**

## 因子分析とは何ですか？
## それはどのように用いられるのですか？

　因子分析は，互いに関連している項目（相関を持つ項目同士）が，どのようにまとまりを形成するかということに基づいて，現象を説明する潜在的な変数である因子を抽出する技法である。それぞれの因子は，複数の異なる変数を代表するものであり，ある種の研究においては，結果を表現する際に，個々の変数よりも効率的であることが知られている。この技法を用いる場合，最終目標は，お互いに関連するこれらの変数のまとまりにより一般的な名前をつけて，表現することである。そして，これらの変数のグループ（因子）に名前をつけることは，行き当たりばったりの手続きではない。名前は，変数同士がどのように関連しているかというあり方の根底にある，内容や概念を反映している。

　たとえば，ウエスタン・オンタリオ大学のデイヴィッド・ウルフと彼の同僚たちは，子どもが12歳以前に受けた虐待の経験が，どのように青年期の仲間・恋人関係に影響するかを理解しようとした。そのために，研究者たちはたくさんの変数についてデータを集め，そのすべての変数間の関連を見た。関連する（そして，理論的に意味をなすグループに属する）項目を含んでいると思われるものは，因子と見なされた。この研究で，このような因子の1つは「ののしり・非難」と名付けられた。別の因子は，「ポジティブなコミュニケーション」と名付けられ，10個の項目から構成されていた。それら10個の項目は，すべて互いに関連していた。

　以下は，文献の詳細である。

Wolfe, D. A., Wekerle, C., Reitzel-Jaffe, D., & Lefebvre, L. (1998). Factors associated with abusive relationships among maltreated and nonmaltreated youth. *Development and Psychopathology, 10*(1), 61-85.

もっと知るには？　質問40，49，92を参照。

# 訳者あとがき

　本書の翻訳をすることになったのは，新曜社の塩浦 暲社長から山田への1本の電話がきっかけでした。その電話で塩浦さんは，「統計学の入門書の翻訳をしたい」と仰ったのです。そこで，塩浦さんがどんな本を翻訳しようと考えているのか，さらにお話を伺ってみることにしました。

　「統計の入門書で，一問一答式になっていて，初学者，そして，統計が苦手な人にも手にとってもらえる本です」と，塩浦さんは本書について熱く語られました。「この本は，心理学を学ぶ学生にとって有用な本に違いない。それを是非とも翻訳して出版したい」という塩浦さんの熱意を電話越しに感じたのをよく覚えています。そんな塩浦さんの迫力に圧倒されながらも，すぐにはお返事できなかったので，いったんお話を預かり，共訳者となる，寺尾・杉澤・村井各氏に相談することにしました。

　我々4人（山田・寺尾・杉澤・村井）は，10年以上，「心理統計教育」をテーマにした共同研究を行っています。仕事を依頼された当初から，「この翻訳をやるなら，単独ではなく共同研究チームのメンバー4人でやりたい」と山田は考えていました。

　あれこれ議論を重ねたのですが，結論としては翻訳の仕事を引き受けることにしました。その理由を挙げると，

- 「基本的かつ重要な統計学に関するトピックを100個選定し，1ページか2ページ程度で簡潔に解説する」という本書のコンセプトに共感できたこと。
- 我々がこの本を翻訳することは，これまで自分たちがやってきたことを考えても意味があるのではないかと思ったこと。
- 本書のような統計学の入門書を翻訳して，日本の読者に届けたいという塩浦さんの熱意に共感したこと。

といったものになると思います。「1人では大変な翻訳も，4人でやればきっと良いものができるだろう」と，引き受けた当初は安易に考えていました。

　しかし，実際には翻訳の作業は大変難航しました。翻訳作業自体を4人の合議制で行ったため，非常に長い作業時間を要することになりました。原文を直訳したのでは，日本の読者には意味が伝わりにくいところもたくさんありました。そんなところをどのように訳したら分かりやすく伝えられるだろうか？　その都度，時間をかけて検討しました。また，率直に言って，原著の各所の記述が，訳者の統計学に関する理解とズレていました。こうした箇所の翻訳はとても難しい作業となりました。初学者向けの本であっても，いや，初学者向けの本だからこそ，正確な記述が必要なはずです。そう考えた我々は原著を大幅に改変して訳稿を提出しました。そういった訳者による

意図的な改変箇所は，皆さんが手に取っているこの本に残っています。翻訳書であるため，基本的には原著から完全に離れることはできない。そうした制約のなかで，訳者としてどう改変を行うべきか，訳者間でも議論を重ね，塩浦さんにもさまざまなアドバイスを頂きました。翻訳については，できるだけ分かりやすく，かつ，正確な記述となるように努力したつもりですが，十分でないところもあると思います。その点については，ご了承下さい。

　翻訳作業の過程で，塩浦さんには大変なご苦労をおかけしました。原著の内容について不明の箇所・疑問点を原著者に確認してもらいました。また，原著者及びSAGE社の担当者とのやりとりを重ねて頂き，原著者と訳者の両者が納得できる落としどころを見つけてくれました。また，我々の訳稿を丁寧に読んで有益なコメントを下さいました。訳者である我々に寄り添い，まるで共訳者の1人のように一緒にこの翻訳書を作ってくれました。塩浦さんのご尽力がなければ，この翻訳書が世に出ることはなかったでしょう。新曜社の大谷裕子さんには，校正作業で大変お世話になりました。お二人に感謝いたします。我々を訳者として推薦して下さった東京大学の南風原朝和先生に御礼申し上げます。そして，原著の記述を改変することを認めて下さった，原著者のNeil J. Salkind氏に感謝いたします。

　本書は，Neil J. Salkind (2015) *100 Questions (and Answers) About Statistics.* SAGE. の全訳です。統計学に関する100個の質問とその回答が，12のパートに整理されています。それぞれの質問は基本的には独立していて，どこからでも読み始めることができます。統計学の辞典のように本書を使うこともできるでしょう。あるいは，最初から通して読むことで，統計学の基本となる知識に一通り触れることができるでしょう。本書を有効に活用することで，初学者にとっての統計学の学習のハードルが低くなることを期待しています。

2017年8月

訳者を代表して　山田 剛史

# 索　引

### 著者紹介

### ニール・J・サルキンド（Neil J. Salkind）

カンザス大学（University of Kansas）の名誉教授であり，同大学の教育心理学科において35年以上教鞭を執っている。彼の関心は，統計や研究法について役立つ内容を平易に執筆することにある。主な著書に，*Statistics for People Who (Think They) Hate Statics*, 5th ed.（統計を嫌いだと思っている人のための統計学，第5版），*Statistics for People Who (Think They) Hate Statics (the Excel Edition)*, 3rd ed.（統計を嫌いだと思っている人のための統計学　エクセル版，第3版），*Excel Statistics: a Quick Guide*, 2nd ed.（エクセルによる統計 ── 簡易ガイド，第2版），SAGEのキホンQ&A100シリーズ第1弾『いまさら聞けない疑問に答える　心理学研究法のキホンQ&A100』（畑中美穂　訳，新曜社）の他，最近編纂された *Encyclopedia of Research Design*（研究デザインの百科事典）などがある。

### 訳者紹介

### 山田剛史（やまだ つよし）

東京大学大学院教育学研究科博士後期課程単位修得退学。修士（教育学）。現在，岡山大学大学院教育学研究科教授。専門は，心理統計学・教育評価。著書に，『SPSSによる心理統計』（共著，東京図書），『Rによる心理データ解析』（共著，ナカニシヤ出版）などがある。

### 寺尾　敦（てらお あつし）

東京工業大学大学院総合理工学研究科システム科学専攻博士課程修了。博士（学術）。現在，青山学院大学社会情報学部教授。専門は，認知科学。著書に，『探求！教育心理学の世界』（共著，新曜社），『教育工学における学習評価』（共著，ミネルヴァ書房）などがある。

### 杉澤武俊（すぎさわ たけとし）

東京大学大学院教育学研究科博士後期課程修了。博士（教育学）。現在，新潟大学教育学部准教授。専門は，心理統計学・教育評価。著書に，『心理統計学ワークブック ── 理解の確認と深化のために』（共著，有斐閣），『Rによるやさしい統計学』（共著，オーム社）などがある。

### 村井潤一郎（むらい じゅんいちろう）

東京大学大学院教育学研究科博士後期課程修了。博士（教育学）。現在，文京学院大学人間学部教授。専門は，社会心理学・言語心理学。著書に，『嘘の心理学』（編著，ナカニシヤ出版），『はじめてのR ── ごく初歩の操作から統計解析の導入まで』（単著，北大路書房），などがある。

いまさら聞けない疑問に答える
統計学のキホン Q&A 100

初版第1刷発行　2017年9月25日

著　者　ニール・J・サルキンド

訳　者　山田剛史・寺尾　敦・杉澤武俊・
　　　　村井潤一郎

発行者　塩浦　暲

発行所　株式会社　新曜社
　　　　101-0051　東京都千代田区神田神保町3-9
　　　　電話　(03)3264-4973(代)・FAX　(03)3239-2958
　　　　e-mail：info@shin-yo-sha.co.jp
　　　　ＵＲＬ：http://www.shin-yo-sha.co.jp/

組　版　Katzen House
印　刷　新日本印刷
製　本　イマヰ製本所

──────── 好評関連書 ────────

ニール・J・サルキンド 著
畑中美穂 訳
いまさら聞けない疑問に答える **心理学研究法のキホン Q&A 100**
A5 判並製 168 頁　本体 1800 円

浅川伸一 著
**ディープラーニング、ビッグデータ、機械学習** ── あるいはその心理学
A5 判並製 184 頁　本体 2400 円

田中　敏・中野博幸 著
**R & S T A R データ分析入門**
B5 判 244 頁　本体 3200 円

田中　敏・中野博幸 著
**クイック・データアナリシス** ── 10 秒でできる実践データ解析
四六判並製 128 頁　本体 1200 円

田中　敏 著
**実践心理データ解析　改訂版**
A5 判並製 376 頁　本体 3465 円

藤澤伸介 編
**探究！教育心理学の世界**
A5 判並製 312 頁　本体 2300 円

福島哲夫 編
**臨床現場で役立つ質的研究法** ── 臨床心理学の卒論・修論から投稿論文まで
A5 判並製 192 頁　本体 2200 円

──────── 新曜社 ────────

（表示価格は税別）